江西理工大学清江学术文库

开放系统下量子纠缠的制备和应用

李艳玲　著

科学出版社

北　京

内 容 简 介

本书首先介绍了量子力学基本假设、量子关联、量子信息传输、量子噪声、量子测量等基本概念。在此基础上，探讨了开放系统下制备三体 GHZ（Greenberger-Horne-Zeilinger）态及 Wn 态的方案；提出了利用非马尔可夫（non-Markov）环境诱导两体及三体纠缠的方案，并讨论了其在量子信息传输方面的应用；研究了噪声下的量子关联动力学，提出了利用弱测量及量子测量反转技术抑制退相干保护量子比特关联及量子垂特间纠缠的方案；最后，把量子弱测量、量子测量反转、环境辅助测量等调控技术应用到噪声下的量子态传输、量子隐形传态及隐形传输量子 Fisher 信息等信息传输过程中，提出了改善信息传输效率的理论方案。

本书可作为高等院校或研究所理论物理和光学等相关专业研究生、物理学和通信学科等相关专业本科高年级学生的参考教材，也可作为从事量子信息处理和量子通信方面科研人员的参考书。

图书在版编目(CIP)数据

开放系统下量子纠缠的制备和应用/李艳玲著. —北京：科学出版社，2023.1

（江西理工大学清江学术文库）

ISBN 978-7-03-074404-3

Ⅰ.①开⋯ Ⅱ.①李⋯ Ⅲ.①量子力学 Ⅳ.①O413.1

中国版本图书馆 CIP 数据核字(2022)第 253918 号

责任编辑：刘凤娟 杨 探／责任校对：杨聪敏
责任印制：吴兆东／封面设计：无极书装

科学出版社 出版
北京东黄城根北街 16 号
邮政编码：100717
http://www.sciencep.com
北京虎彩文化传播有限公司 印刷
科学出版社发行 各地新华书店经销
*
2023 年 1 月第 一 版 开本：720×1000 1/16
2024 年 1 月第二次印刷 印张：7 1/2
字数：150 000
定价：69.00 元
(如有印装质量问题，我社负责调换)

前　言

　　量子信息科学自从诞生以来，引起了人们的广泛关注，亦产生了许多新技术，如量子隐形传态、无条件安全加密和超高速计算机等，推动了量子通信、量子计算、量子密码学、量子精密测量等领域的快速发展。在量子信息技术中，信息被编码在具体的量子系统的量子状态中。量子态具有线性叠加性，是量子信息技术的基础。量子态叠加性从根本上赋予了量子通信和量子密码的"不可克隆"能力，赋予了量子计算的"并行计算"能力，赋予了量子精密测量"突破标准量子极限"的能力。然而，真正的量子系统都是开放的，总会与外界环境不可避免地发生相互作用，导致量子系统退相干及纠缠衰减。研究开放量子系统的行为，理解和控制环境噪声，对实际的量子信息处理具有重要的意义。本书主要探讨开放系统下量子纠缠的制备、保护及其在量子信息传输中的应用。相关研究成果可望为部分量子信息技术提供理论支撑。特别是非马尔可夫 (non-Markov) 环境诱导纠缠和量子弱测量等方面的研究为严重退相干条件下实现高效量子信息传输提供了新颖的视角。

　　本书总结提炼了作者多年的研究成果，并结合国内外开放量子系统领域的最新研究进展撰写而成。系统地介绍了利用原子–腔–光纤耦合系统制备三体 GHZ (Greenberger-Horne-Zeilinger) 态和 Wn 态的方案；展示了非马尔可夫环境诱导纠缠的理论途径；阐述了利用弱测量、量子测量反转、环境辅助测量等量子调控技术保护开放系统中的量子关联以及提高信息传输效率的理论方法。全书共 5 章，第 1 章主要介绍量子信息基础知识，包括量子力学基本假设、量子关联、量子信息传输、量子噪声、量子弱测量和环境辅助测量等。第 2 章基于原子–腔–光纤耦合系统，提出了制备三体 GHZ 态和 Wn 态的方案，并考虑了原子的自发辐射、腔与光纤的光子衰减等消相干过程带来的影响。第 3 章分别研究了两个和三个量子比特与一个共同的零温库耦合组成系统的纠缠动力学，提出了利用非马尔可夫环境诱导两体及三体纠缠的方案，并讨论了其在量子态传输中的应用。第 4 章提出了利用弱测量及其反转技术抑制量子退相干、保护振幅阻尼噪声下两量子比特间关联的方案，并推广到了量子垂特 (qutrit) 的情况。第 5 章基于弱测量、量子测量反转、环境辅助测量等量子调控技术，提出了改善开放系统中量子态传输、量子隐形传态、隐形传输量子 Fisher 信息等信息传输效率的方案。

　　本书主要内容来源于作者在江西理工大学工作以来的相关研究工作。感谢国

家自然科学基金 (11365011,61765007)、江西省自然科学基金杰出青年项目 (20212 ACB 211004) 及江西理工大学 "清江人才计划" 对研究项目的资助。本书在撰写过程中,得到了赣南师范大学肖兴教授和江西理工大学研究生魏东梅、祖传金、姚林、曾艺博的大力支持,在此向他们表示衷心感谢!

　　本书在撰写过程中,参考了大量国内外文献,在此向相关文献作者表示诚挚的谢意!感谢科学出版社的各位编辑为本书的顺利出版所做的努力。

　　鉴于作者水平有限,书中难免存在不足之处,热忱欢迎广大读者和专家批评指正。

作者
2022 年 11 月

目　　录

第 1 章　量子信息基础

随着信息时代的到来，对于信息处理的需求日益增加。为了突破经典信息技术的物理极限，为人们提供更强大的信息处理能力，量子信息学应运而生。作为量子力学、信息论和计算科学交叉融合的一门新学科，量子信息学受到了国内外的广泛关注，并且发展出了许多具有重要应用价值的科学技术。本章致力于介绍量子信息的基础知识，为后面章节的展开做铺垫。

1.1　量子力学基础

量子力学是研究微观粒子性质和运动规律的科学，是物理学三大基本理论之一。如今，量子力学已经成为现代科学技术、高新技术的理论基础。在本节，首先对量子力学的基础知识进行简单介绍，以便读者在阅读后续相关内容时更顺畅，有兴趣的读者可以进一步阅读量子力学方面的相关书籍 [1,2]。

1.1.1　量子力学基本假设

微观粒子的特性——波粒二象性，导致微观粒子的行为和性质与经典粒子大相径庭，20 世纪初发展起来的量子力学在描述和预测微观粒子的行为及性质方面取得了巨大成功。量子力学的理论框架主要基于以下五个假设。

假设一　一个微观粒子的状态由波函数 $\psi(r,t)$ 完全描述，波函数 $\psi(r,t)$ 也被称为态函数，狄拉克符号法将波函数 $\psi(r,t)$ 记为 $|\psi(r,t)\rangle$。

根据量子力学的概率诠释，$|\psi(r,t)|^2\mathrm{d}\tau$ 表示 t 时刻该微观粒子位于 r 处的体积元 $\mathrm{d}\tau$ 中的概率。因此，波函数 $\psi(r,t)$ 必须满足一些特定的数学要求。对于单个粒子，在不考虑相对论效应的情形下，该粒子在全空间内的概率和等于 1，即满足归一化条件：

$$\int_{-\infty}^{+\infty} |\psi(r,t)|^2\mathrm{d}\tau = 1 \tag{1.1}$$

假设二　对于经典力学中的每一个可观察物理量，在量子力学中都有对应的一个线性厄米算符来描述。该假设主要是考虑到厄米算符具有完备的本征函数系，可以作为任意波函数的展开基矢，进而在一般的情况下实现波函数的概率诠释。另一方面，厄米算符的本征值是实数，这是可以在实验上进行物理测量的基础。

假设三　对于任意一个可观测的力学量 (或者说厄米算符)$\hat{A}$，在对其进行物理测量时，所得到的值一定是该厄米算符的本征值 a，并满足本征值方程

$$\hat{A}\psi = a\psi \tag{1.2}$$

这个假设揭示了量子力学的核心——力学量的取值是可以被量子化的 (虽然在非束缚态下该力学量的取值仍然有可能取连续值)。如果一个量子系统处于力学量 $\hat{A}$ 的本征态，对应的本征值为 a，那么对该量子系统进行力学量 $\hat{A}$ 的测量，其取值永远都为 a，但这并不意味着量子系统初始时刻一定是处于力学量 $\hat{A}$ 的本征态。一个任意的量子态都可以用力学量 $\hat{A}$ 的本征函数系 $\{\psi_i\}$ 展开，其中 $\{\psi_i\}$ 满足 $\hat{A}\psi_i = a_i\psi_i$，展开形式如下：

$$\psi = \sum_{i=1}^{n} c_i\psi_i \tag{1.3}$$

其中，n 表示本征函数系的维数，可能是有限值，也可能是无穷大。在这种情况下，只知道对力学量 $\hat{A}$ 进行测量会得到某个本征值 a_i，无法断定具体会是哪一个本征值。当然，根据概率诠释，可以知道测量得到 a_i 的概率是展开时本征态 ψ_i 前面系数的模方 $|c_i|^2$。

假设四　一个量子系统的波函数 (或者说态函数) 随时间的演化遵从含时薛定谔方程：

$$\mathrm{i}\hbar\frac{\partial\psi(r,t)}{\partial t} = \hat{H}\psi(r,t) \tag{1.4}$$

薛定谔方程是量子力学中描述微观粒子运动状态变化规律的基本方程，无法从更基本的公式或原理推导出来，作为量子力学中的一个假设，其正确性只能由实验来检验。其中，$\hat{H}$ 是系统的哈密顿算符，一般情况下可以由经典哈密顿量 H 进行算符化 (将动量 $p \to \hat{p} = -\mathrm{i}\hbar\nabla$) 得到，但严格意义上哈密顿算符 $\hat{H}$ 的正确形式要通过薛定谔方程的理论预言和实验结果之间的一致性来确定。

在量子力学里，相同是绝对的。两个电子是相同的，人们不可能用任何方法把它们区分开；两个光子是相同的，人们不可能用任何方法把它们区分开。这种绝对的全同性给微观粒子的波函数的选择带来了极大约束，于是有如下假设。

假设五　如果是全同费米子体系，其总体波函数必须是交换反对称的；如果是全同玻色子体系，其总体波函数必须是交换对称的。这里的总体波函数包含空间部分波函数和自旋部分波函数。著名的泡利不相容原理就是全同费米子波函数交换反对称导致的直接结果。

应该说明，在不同的书中，对量子力学的基本假设有不同的表述，也有的书中总结为四个或者六个基本假设，其所包含的内容均大同小异，此处不再逐一介绍。

量子力学的主要数学工具是希尔伯特空间,即满足加法、数乘和内积运算规则的复内积空间。一个微观粒子的运动状态,即量子态 ψ,是希尔伯特空间中的一个向量。希尔伯特空间是一个抽象空间,空间中的任一向量在数学上都用一组复数坐标表达,$\psi = (c_1, c_2, \cdots, c_n)^{\mathrm{T}}$,其中 $c_1, c_2, \cdots, c_n$ 就是 (1.3) 式中的系数,上标 T 表示转置。但是这一组数和经典粒子状态空间中的 (x, p) 大不相同。从数学上看,x 和 p 都是实数,而 $c_1, c_2, \cdots, c_n$ 都是复数;从物理上看,x 和 p 是可以直接测量的物理量,而 $c_1, c_2, \cdots, c_n$ 是不可以直接测量的,它们只是给出了测量结果出现的概率。

1.1.2 量子关联

1. 量子纠缠

假设两个子系统 A 和 B 的希尔伯特空间分别为 H_{A} 和 H_{B},对于一个由 A 和 B 两个子系统所组成的复合量子系统,其希尔伯特空间 $H_{\mathrm{AB}} = H_{\mathrm{A}} \otimes H_{\mathrm{B}}$ 为 A 和 B 两者的张量积。假设两个子系统 A 和 B 的量子态分别为 $|\psi\rangle_{\mathrm{A}}$ 和 $|\psi\rangle_{\mathrm{B}}$,倘若复合系统的量子态 $|\psi\rangle_{\mathrm{AB}}$ 满足下式:

$$|\psi\rangle_{\mathrm{AB}} = |\psi\rangle_{\mathrm{A}} \otimes |\psi\rangle_{\mathrm{B}} \tag{1.5}$$

则称这种形式的量子态为乘积态 (product state)。此时量子态 $|\psi\rangle_{\mathrm{AB}}$ 具有可分性,所以也叫可分态,对子系统 A 做测量,不会影响到子系统 B;反之亦然。

如果子系统 A 和 B 之间存在相互耦合,各个子系统所拥有的特性综合成为整体性质,复合系统的量子态 $|\psi\rangle_{\mathrm{AB}}$ 不能像 (1.5) 式那样写成单独一项的直积,必须用多项直积态的叠加表示。此时量子态 $|\psi\rangle_{\mathrm{AB}}$ 不具有可分性,不是乘积态,而是纠缠态 [3]。假设 H_{A} 和 H_{B} 都是二维的希尔伯特空间,$|0\rangle_{\mathrm{A}}$ 和 $|1\rangle_{\mathrm{A}}$ 是子系统 A 中可观测量 $\hat{O}_{\mathrm{A}}$ 的本征态,对应的本征值分别为 0 和 1,它们构成一组规范正交基。$|0\rangle_{\mathrm{B}}$ 和 $|1\rangle_{\mathrm{B}}$ 是子系统 B 中可观测量 $\hat{O}_{\mathrm{B}}$ 的本征态,也构成一组规范正交基,下列形式的量子态就是一个纠缠态

$$|\psi\rangle_{\mathrm{AB}} = \frac{1}{\sqrt{2}} \left(|0\rangle_{\mathrm{A}} \otimes |0\rangle_{\mathrm{B}} - |1\rangle_{\mathrm{A}} \otimes |1\rangle_{\mathrm{B}} \right) \tag{1.6}$$

现在对子系统 A 中的可观测量 $\hat{O}_{\mathrm{A}}$ 进行测量,根据量子力学中的基本假设,测量所得的结果可能为 0 或 1,概率均为 50%。

第一种情况:可观测量 $\hat{O}_{\mathrm{A}}$ 的结果为 0,(1.6) 式所示的量子态坍缩为 $|0\rangle_{\mathrm{A}}|0\rangle_{\mathrm{B}}$,那么,对可观测量 $\hat{O}_{\mathrm{B}}$ 进行测量所得的结果为 0。

第二种情况:可观测量 $\hat{O}_{\mathrm{A}}$ 的结果为 1,(1.6) 式所示的量子态坍缩为 $|1\rangle_{\mathrm{A}}|1\rangle_{\mathrm{B}}$,那么,对可观测量 $\hat{O}_{\mathrm{B}}$ 进行测量所得的结果为 1。

由此可见, 对子系统 A 进行测量 (这是一种局域操作) 已经改变或者说决定了子系统 B 的测量结果, 尽管子系统 A、B 可能距离很远, 这种影响也一样会瞬间发生。这就是两个子系统间的量子纠缠现象, 爱因斯坦将这种现象称为鬼魅般的超距作用[4,5]。量子纠缠是一种纯量子现象, 在经典物理学中没有对应。学术界普遍认为量子纠缠刻画了量子系统的非经典特性或者说非经典关联, 是区分量子和经典的重要判断依据。值得注意的是, 由于子系统 A 的测量结果具有随机性, 所以测量前无法判断复合系统会坍缩到哪个态, 也就无法以超光速的形式传递信息, 因此, 量子纠缠没有违反因果性。

纯态是否存在量子纠缠比较容易判断, 但是更一般的情形是复合系统处于混合态。所谓混合态就是由几种纯态按照统计概率组成的量子态。假设一个量子系统处于纯态 $|\psi_1\rangle$、$|\psi_2\rangle$、$|\psi_3\rangle$、$\cdots$ 的概率分别为 ω_1、ω_2、ω_3、$\cdots$, 则这个混合态量子系统的密度算符 ρ 表示为

$$\rho = \sum_i \omega_i |\psi_i\rangle\langle\psi_i| \tag{1.7}$$

并且满足所有概率的总和为 1, 即 $\sum_i \omega_i = 1$。

根据混合态的定义, 可对先前纯态的可分性进行推广, 如果有一个两体混合态的密度算符可以表示成

$$\rho = \sum_i \omega_i \rho_{i,\mathrm{A}} \otimes \rho_{i,\mathrm{B}} \tag{1.8}$$

则称该混合态具有可分性, 是一个乘积态, 没有量子纠缠。反之, 则该混合态具有不可分性, 是一个纠缠态。

在量子信息理论中, 量子纠缠被认为是一种 "物理资源", 它能够在只有局域操作和局域通信的环境中实现量子信息处理 (QIP), 例如量子隐形传态[6-10]、量子密集编码[11-13]和量子计算等[14-17]。

2. 量子失协

在量子信息论中, 量子失协 (quantum discord) 也是度量两个量子系统之间存在非经典关联的重要方式。虽然量子纠缠和量子失协都刻画了量子系统的非经典关联, 但是两者之间有所区别: 前面所述的可分态一定不具有量子纠缠, 但是有可能存在量子失协, 量子纠缠、量子失协和可分态的关系可由图 1.1 表示。

Harold Ollivier 和 Wojciech H. Zurek[18] 以及 Leah Henderson 和 Vlatko Vedral[19] 分别独立引入了量子失协的概念。Olliver 和 Zurek 也将其称为关联的量子性度量。从这两个研究小组的工作可以看出, 量子关联可以存在于某些混合可分离状态中; 换句话说, 可分离性并不能作为判断是否存在量子关联的充分条

件。因此，量子失协的概念超越了早先在纠缠与可分离 (非纠缠) 量子态之间做出的区分。除此之外，量子失协在抵抗量子退相干方面明显优于量子纠缠 [20,21]。量子失协还可用于实现确定性单比特量子计算 [22]，亦可作为远程量子态制备的一种物理资源 [23]，最近的工作 [24] 将量子失协确定为量子密码学的一种资源，能够在完全没有纠缠的情况下保证量子密钥分发的安全性。

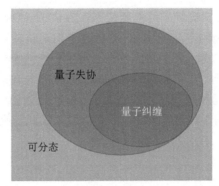

图 1.1   量子纠缠、量子失协和可分态关系图

1.2   量子信息传输

信息传输在通信领域具有重要的地位，不能传输信息的信道没有实用价值。在量子信息领域，所谓的信息指的就是量子态所包含的全部或者部分信息。假设爱丽丝 (Alice) 拥有一个量子态 $|\psi\rangle = \alpha|0\rangle + \beta|1\rangle$，这种类型的量子态非常容易制备，如光子的偏振态。如果爱丽丝想将该量子态的信息传送给远方的鲍勃 (Bob)，她可以有以下三类不同的方法 [25]。

1. 纯经典传态

如果爱丽丝完全知道这个量子态的叠加系数 α 和 β，在这种情况下，她可以利用电话等经典通信手段把这两个系数告诉鲍勃，鲍勃根据这两个系数将自己手上的一个光子制备成态 $|\psi\rangle = \alpha|0\rangle + \beta|1\rangle$。这个方法只用了经典信道，因此把它叫做纯经典传态。

2. 纯量子传态

如果爱丽丝不知道这个量子态的具体信息，这种情况下她可以通过量子信道 (传输量子态的信道称为量子信道，量子信道可以是光纤等物质) 直接将这个光子传给鲍勃。此方法只用了这种量子信道，因此把它叫做纯量子传态。

3. 量子隐形传态

如果爱丽丝不知道这个量子态的具体信息，但初始时她和鲍勃之间共享了一个量子纠缠态，同时利用经典信道和量子信道可以实现将该未知量子态的信息完美传输给鲍勃 (在不考虑噪声的前提下)，具体方法见 1.2.2 节。

1.2.1　量子态传输

量子态传输，即上文提到的纯量子传态，提供了一种将任意量子状态从一个系统发送到另一个系统的方法[26]。这对将量子信息传输到量子存储器、量子处理器和量子网络至关重要。量子态传输不仅可用于在两个计算组件之间传输量子信息，还可以改变量子互联网中的纠缠分布。量子态传输的协议由发送任意量子态 ρ_{A_0} 的发送者爱丽丝和接收转移状态 ρ_B 的接收者鲍勃描述。不失一般性，量子态传输过程可以使用全局量子信道 Λ_t 来描述，如此一来，发送态 ρ_{A_0} 和接收态 ρ_B 之间的关系可以表示成如下映射过程：

$$\rho_B = \mathrm{Tr}_A|\left[\Lambda_t\left(\rho_{A_0}\otimes\sigma_{B_0}\right)\right] \tag{1.9}$$

其中，σ_{B_0} 指鲍勃的初始态。如果全局量子信道 Λ_t 是一个幺正信道，那么鲍勃可以通过相应的逆幺正操作完美地恢复发送态 ρ_{A_0}。然而，考虑到噪声的影响，量子信道 Λ_t 一般不是一个幺正信道，鲍勃所接收到的态和发送态不完全相同。

1.2.2　量子隐形传态

量子隐形传态是一个简单而又神奇的量子通信方式。它通过分享一对纠缠，将一个未知量子态从发送者传给接收者。其具有信息容量大、可靠性高的优势。图 1.2 示意地描述了量子隐形传态的主要思想。

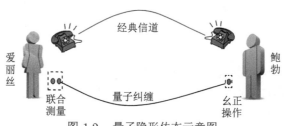

图 1.2　量子隐形传态示意图

借助一对纠缠光子，爱丽丝可以将她拥有的一个未知量子态传给远处的鲍勃。在这个过程中，爱丽丝需要通过电话等经典信息传递方式把自己的测量结果告诉鲍勃

量子隐形传态所需的资源包括一个能够传输两个经典比特的经典信道和共享的两个量子比特最大纠缠态。爱丽丝对待传送的量子比特和纠缠态中的一个量子比特执行联合测量，并告知鲍勃结果，鲍勃操纵纠缠对中另一个量子比特的状态

就可以实现量子隐形传态。假设爱丽丝是发送方，鲍勃是接收方。量子隐形传态的具体步骤如下：

(1) 制备一个两量子比特纠缠态，例如贝尔 (Bell) 态，并将纠缠态中的一个量子比特分发给爱丽丝，另一个分发给鲍勃。

(2) 爱丽丝对自己持有的待传送量子比特和纠缠态中的一个量子比特同时进行测量。这会产生 $\{00, 01, 10, 11\}$ 四种测量结果之一，可以用两个经典的信息位进行编码。

(3) 爱丽丝使用经典信道将测量结果发送给鲍勃，因为信息传输受光速限制，所以导致了量子隐形传态不可能超光速。

(4) 鲍勃根据接收到的经典信息进行相应的幺正操作，就可以得到爱丽丝要传送的那个未知量子态。

下面对此进行更严格的数学描述。爱丽丝将待传送的量子态编码在光子的偏振态

$$|\psi\rangle_C = \alpha|0\rangle_C + \beta|1\rangle_C \tag{1.10}$$

其中，$\alpha^2 + |\beta|^2 = 1$。在进行量子隐形传态之前，爱丽丝和鲍勃之间共享了一对纠缠光子，它们处于如下所示的纠缠态：

$$|\phi^+\rangle_{AB} = \frac{1}{\sqrt{2}}(|0\rangle_A|0\rangle_B + |1\rangle_A|1\rangle_B) \tag{1.11}$$

加上那个待传送的光子，整体系统一共有三个光子，它们的状态为

$$|\psi\rangle_0 = |\psi\rangle_C \otimes |\phi^+\rangle_{AB} = \frac{1}{\sqrt{2}}\{\alpha(|000\rangle + |011\rangle) + \beta(|100\rangle + |111\rangle)\} \tag{1.12}$$

式中，默认左边两个光子为爱丽丝持有，最右边的光子为鲍勃持有。例如，$|011\rangle$ 表示爱丽丝想传送的光子处于 $|0\rangle$ 态，爱丽丝自己持有的那个纠缠光子处于 $|1\rangle$ 态；而鲍勃持有的纠缠光子处于 $|1\rangle$ 态。假设量子信道是完美的，不受任何噪声影响。接下来爱丽丝对自己持有的两个光子进行一个控制非 (CNOT) 门操作，其中把第一个光子当作控制比特，第二个光子作为目标比特。经过该 CNOT 门操作后，这三个光子的状态变成

$$|\psi\rangle_1 = \frac{1}{\sqrt{2}}\{\alpha(|000\rangle + |011\rangle) + \beta(|110\rangle + |101\rangle)\} \tag{1.13}$$

爱丽丝再对自己持有的第一个光子进行阿达玛门 (Hadamard gate) 操作，得到

$$|\psi\rangle_2 = \frac{1}{2}\alpha\{(|0\rangle + |1\rangle) \otimes (|00\rangle + |11\rangle) + \beta(|0\rangle - |1\rangle) \otimes (|10\rangle + |01\rangle)\} \tag{1.14}$$

(1.14) 式展开之后一共有八项, 为了便于看清楚测量后的结果, 我们将爱丽丝和鲍勃的光子分开, 将 (1.14) 式重新表示成

$$|\psi\rangle_2 = \frac{1}{2}\{|00\rangle(\alpha|0\rangle + \beta|1\rangle) + |01\rangle(\alpha|1\rangle + \beta|0\rangle)$$
$$+ |10\rangle(\alpha|0\rangle - \beta|1\rangle) + |11\rangle(\alpha|1\rangle - \beta|0\rangle)\} \tag{1.15}$$

接下来, 爱丽丝对自己持有的两个光子进行测量, 并把测量结果通过经典信道告诉鲍勃, 根据爱丽丝的测量结果, 一共有四种可能情况:

(1) 如果测量结果是 $|00\rangle$, 从 (1.15) 式可知, 鲍勃的光子正好处于 $\alpha|0\rangle + \beta|1\rangle$ $= |\psi\rangle_{\mathrm{C}}$。

(2) 如果测量结果是 $|01\rangle$, 从 (1.15) 式可知, 鲍勃的光子处于 $\alpha|1\rangle + \beta|0\rangle$, 鲍勃只需要用 X 门 ($X = |0\rangle\langle 1| + |1\rangle\langle 0|$) 作用后即可得到 $|\psi\rangle_{\mathrm{C}}$。

(3) 如果测量结果是 $|10\rangle$, 从 (1.15) 式可知, 鲍勃的光子处于 $\alpha|0\rangle - \beta|1\rangle$, 鲍勃只需要用 Z 门 ($Z = |0\rangle\langle 0| - |1\rangle\langle 1|$) 作用后即可得到 $|\psi\rangle_{\mathrm{C}}$。

(4) 如果测量结果是 $|11\rangle$, 从 (1.15) 式可知, 鲍勃的光子处于 $\alpha|1\rangle - \beta|0\rangle$, 鲍勃需要先用 Z 门再用 X 门作用后才可得到 $|\psi\rangle_{\mathrm{C}}$。

无论是哪一种测量结果, 鲍勃都可以通过幺正操作将自己手上的光子制备到 $|\psi\rangle_{\mathrm{C}}$, 这个过程中不需要知道 $|\psi\rangle_{\mathrm{C}}$ 的任何信息。需要说明的是, 整个量子隐形传态过程中, 传递的都是光子的量子态 $|\psi\rangle_{\mathrm{C}}$, 而不是承载这个量子态的光子本身, 这和科幻电影中的传送有着本质区别。

量子隐形传态自 1993 年由 Bennett 等首次提出理论方案 [6] 后, 在 1997 年由 Bouwmeester 等首次实验实现 [7]。经过近三十年的发展, 已经可以实现距离超过 400km 的量子隐形传态 [27], 中国更是利用墨子号卫星第一次实现了卫星到地面之间的量子隐形传态, 走在了世界前列 [28]。

1.3   量 子 噪 声

在前面讨论量子隐形传态时, 假设了量子信道是完美的, 不受任何噪声影响, 但真实情况下, 噪声是普遍存在的 [29]。如果有一个量子态发生器, 它以量子态向信道发射信号, 另一个接收器接收信道发射出来的信号。在这里量子态发生器可以是发射单个单色光子的高衰减激光器, 信道可以是光纤, 接收器可以是光电探测器。或者, 量子态发生器可以是离子阱量子计算机中的一组由激光脉冲制备的一系列处于纠缠状态的离子, 信道可以是离子随时间演化的离子阱, 接收器则是一台显微镜, 通过激光诱导荧光读出离子的状态。量子态在信道的传输过程中不可避免会受到噪声影响, 如光子的损失、自旋的弛豫、原子的自发衰减等都是一种噪声, 因此研究量子信道所受到的噪声是一个非常重要的课题。

1.3.1 无关联噪声

当量子系统受到环境噪声时，其动力学演化不是一个酉变换，但如果将环境也看做一个系统，量子系统与环境系统构成的总系统可视为一个封闭系统，这时总系统的动力学过程就可以用酉变换来描述[30]，如图 1.3 所示。

图 1.3　量子系统与环境系统构成的总系统动力学过程的酉变换描述

环境的状态通常不是所关注的对象，量子系统的状态才是大家感兴趣的。当受到环境影响时，系统的状态会由初始的 ρ_S 演化到末态 $\rho_f = \varepsilon(\rho_S)$，这两个态之间一般不是由酉变换相联系的。假设环境的初态为 ρ_{env}，并且假定量子系统和环境初始无关联，整个系统经过图 1.3 所示的酉变换后，对环境的自由度求迹，从而得到量子系统演化后的约化状态

$$\rho_f = \varepsilon(\rho_S) = \mathrm{Tr}_{\mathrm{env}}\left[U\left(\rho_S \otimes \rho_{\mathrm{env}}\right)U^\dagger\right] \tag{1.16}$$

该式表明，量子系统从初态 ρ_S 演化到末态 ρ_f 这个过程可以用一个量子运算 ε 来描述，量子运算 ε 可以用一种数学上非常简单优美的形式来表示，即众所周知的算子和表示[31]

$$
\begin{aligned}
\varepsilon(\rho_S) &= \mathrm{Tr}_{\mathrm{env}}\left[U\left(\rho_S \otimes \rho_{\mathrm{env}}\right)U^\dagger\right] \\
&= \sum_k \left\langle e_k\left|\left[U\left(\rho_S \otimes \rho_{\mathrm{env}}\right)U^\dagger\right]\right|e_k\right\rangle \\
&= \sum_k E_k \rho_S E_k^\dagger
\end{aligned}
\tag{1.17}
$$

其中，已经假设环境初始处于纯态 $\rho_{\mathrm{env}} = |e_0\rangle\langle e_0|$，而 $E_k = \langle e_k|U|e_0\rangle$ 就是量子系统状态空间上的一个算子，满足完备性关系 $\sum_k E_k^\dagger E_k = I$。一方面，算子和表示给大家提供了一种刻画量子系统动力学过程的方式，可以极大地简化计算。另一方面，算子和表示与经典信息论中描述的带噪声信道非常类似，也可以将描述量子噪声过程的某些量子运算称为带噪声的量子信道。

当然，不同的噪声模型会给出不同的算子和表示。下面介绍几类量子信息论中常见的量子噪声对应的算子和表示，帮助大家理解噪声对量子系统的影响。为了便于描述，下面讨论均以二能级系统，或者说以量子比特为例。

1. 比特翻转噪声和相位翻转噪声

当一个量子态 $\alpha|0\rangle + \beta|1\rangle$ 在信道中传输时，可能会发生 $|0\rangle$ 变成 $|1\rangle$ 或者 $|1\rangle$ 变成 $|0\rangle$ 的情形，这种噪声被称为比特翻转噪声，其运算元可以表示成

$$E_0 = \sqrt{p} \begin{pmatrix} 1 & 0 \\ 0 & 1 \end{pmatrix}, \quad E_1 = \sqrt{1-p} \begin{pmatrix} 0 & 1 \\ 1 & 0 \end{pmatrix} \tag{1.18}$$

其中，p 表示不受比特翻转噪声影响的概率。

与此类似，量子态 $\alpha|0\rangle + \beta|1\rangle$ 在信道传输过程中可能会让 $|1\rangle$ 态的相位发生变化，从而导致 $|0\rangle$ 和 $|1\rangle$ 之间的相对相位由 0 变成 π，这种噪声被称为相位翻转噪声，其运算元可以表示成

$$E_0 = \sqrt{p} \begin{pmatrix} 1 & 0 \\ 0 & 1 \end{pmatrix}, \quad E_1 = \sqrt{1-p} \begin{pmatrix} 1 & 0 \\ 0 & -1 \end{pmatrix} \tag{1.19}$$

其中，p 表示不受相位翻转噪声影响的概率。

更一般地，信道中同时存在比特翻转噪声和相位翻转噪声，考虑到 $\sigma_y = \mathrm{i}\sigma_x\sigma_z$，可知比特–相位翻转噪声的运算元为

$$E_0 = \sqrt{p} \begin{pmatrix} 1 & 0 \\ 0 & 1 \end{pmatrix}, \quad E_1 = \sqrt{1-p} \begin{pmatrix} 0 & -\mathrm{i} \\ \mathrm{i} & 0 \end{pmatrix} \tag{1.20}$$

比特翻转、相位翻转和比特–相位翻转三种噪声的运算元分别含有泡利算符 $\sigma_x, \sigma_y, \sigma_z$，因此也通常称为泡利噪声。

2. 振幅阻尼噪声

振幅阻尼噪声是量子信息处理过程中常见的一类噪声，例如，像光纤一样的纯耗散量子信道、像原子一样会自发辐射的量子系统、像高温下自旋系统的弛豫过程都可以归结为振幅阻尼过程，它们都可以用相同的一组算子和来表示

$$\varepsilon_{\mathrm{AD}}(\rho) = E_0\rho E_0^\dagger + E_1\rho E_1^\dagger \tag{1.21}$$

其中，

$$E_0 = \begin{pmatrix} 1 & 0 \\ 0 & \sqrt{1-\gamma} \end{pmatrix}, \quad E_1 = \begin{pmatrix} 0 & \sqrt{\gamma} \\ 0 & 0 \end{pmatrix} \tag{1.22}$$

是振幅阻尼噪声的运算元。而 γ 是表征系统耗散的一个参数，在光纤中可以认为是丢失一个光子的概率，在原子中可以认为是原子的自发辐射系数，在自旋系统

中可以认为是自旋弛豫系数。如果以一个二能级系统为例，对应的基态和激发态分别记为 $|g\rangle$ 和 $|e\rangle$，那么振幅阻尼噪声对该二能级系统的影响可以理解为：E_0 运算元保持基态 $|g\rangle$ 不变，但会减少激发态 $|e\rangle$ 的幅值，E_1 运算元以一定的概率把激发态 $|e\rangle$ 映射到基态 $|g\rangle$，对应于有一个光子辐射到环境中。这在物理上是显然的，因为基态不会再衰减，而激发态会自发辐射。

3. 相位阻尼噪声

与前面的振幅阻尼噪声相反，相位阻尼噪声描述的是没有能量耗散情况下的量子信息丢失，是一种纯粹的量子噪声。相位阻尼在物理上可以理解为一个量子系统的能量本征态在与环境相互作用的过程中积累一个相位，不同的能量本征态积累相位的速率各不相同，从而导致一段时间后，各个能量本征态之间的相对相位变得不再有规律，从而导致了量子相位信息的丢失。相位阻尼过程也通常和散射过程相联系，例如当一个光子通过波导传播发生随机散射时，也可以看成是一个相位阻尼过程。相位阻尼噪声的算子和表示如下：

$$E_0 = \begin{pmatrix} 1 & 0 \\ 0 & \sqrt{1-\lambda} \end{pmatrix}, \quad E_1 = \begin{pmatrix} 0 & 0 \\ 0 & \sqrt{\lambda} \end{pmatrix} \tag{1.23}$$

其中，λ 可以理解为来自系统的一个光子没有能量损失的散射概率。相位阻尼量子运算严格等价于相位翻转量子运算，令 $\alpha = (1 + \sqrt{1-\lambda})/2$，则

$$\tilde{E}_0 = \sqrt{\alpha} \begin{pmatrix} 1 & 0 \\ 0 & 1 \end{pmatrix}, \quad \tilde{E}_1 = \sqrt{1-\alpha} \begin{pmatrix} 1 & 0 \\ 0 & -1 \end{pmatrix} \tag{1.24}$$

4. 去极化噪声

去极化噪声是一类非常重要的量子噪声，其经典对应可理解为白噪声。去极化噪声可以理解为：一个量子比特以概率 p 去极化，即演变成一个完全混合态 $I/2$，而以概率 $1-p$ 保持在原来的状态 ρ。该过程可以描述成

$$\varepsilon(\rho) = (1-p)\rho + \frac{p}{2}I \tag{1.25}$$

虽然 (1.25) 式不是一个算子和表示，但可以改写成

$$\varepsilon(\rho) = \left(1 - \frac{3p}{4}\right)\rho + \frac{p}{4}\left(\sigma_x \rho \sigma_x + \sigma_y \rho \sigma_y + \sigma_z \rho \sigma_z\right) \tag{1.26}$$

其中，σ_x，σ_y，σ_z 是泡利矩阵。可以看出，去极化噪声的运算元为

$$E_0 = \sqrt{1 - \frac{3p}{4}} \begin{pmatrix} 1 & 0 \\ 0 & 1 \end{pmatrix}, \quad E_1 = \frac{\sqrt{p}}{2} \begin{pmatrix} 0 & 1 \\ 1 & 0 \end{pmatrix},$$

$$E_2 = \frac{\sqrt{p}}{2} \begin{pmatrix} 0 & -i \\ i & 0 \end{pmatrix}, \quad E_3 = \frac{\sqrt{p}}{2} \begin{pmatrix} 1 & 0 \\ 0 & -1 \end{pmatrix} \tag{1.27}$$

本质上，去极化噪声也是泡利噪声的一种，只不过运算元中同时包含了 σ_x，σ_y，σ_z。

如果每个量子系统感受到的噪声彼此是独立的，即不同量子系统所受的噪声相互之间没有关联，则这种情况对应的是无关联噪声。整个过程可以用一个完全正定、保迹的线性映射作用到量子系统的密度矩阵来表示，其算子和表示就是子系统噪声运算元的张量积。

1.3.2　关联噪声

随着量子信息处理速度的提高，经常会出现两个或者多个量子系统连续通过一个噪声环境，例如两个量子比特连续通过一个噪声信道，此时噪声信道的统计特性可能与时间有关，子系统所受噪声不再是独立的而是具有一定的关联，这种情况下对应的是关联噪声。该过程将不再是一个完全正定、保迹的线性映射，算子和表示也不能简单用两个噪声运算元的张量积来刻画 [32,33]。下面以量子比特为例介绍几类典型关联噪声的算子和表示。

1. 关联泡利噪声

考虑一个单量子比特受到泡利噪声影响，初态 ρ_0 演化为

$$\rho_0 \to \sum_{i=0}^{3} q_i \sigma_i \rho_0 \sigma_i \tag{1.28}$$

其中，q_i 是对应的概率分布，σ_i 是泡利矩阵。在无关联情形中，(1.28) 式即可描述单个量子比特所受噪声的影响。如果两个量子比特通过该泡利信道，由于信道的记忆效应，会对两个量子比特产生关联效应。关联效应的强弱用一个参数 $\mu \in [0,1]$ 来描述，此时有

$$\rho \to \sum_{i,j=0}^{3} p_{ij} \sigma_i \otimes \sigma_j \rho \sigma_i \otimes \sigma_j \tag{1.29}$$

其中，

$$p_{ij} = (1-\mu)q_i q_j + \mu q_i \delta_{ij} \tag{1.30}$$

可以看到 (1.29) 式除了包含 (1.28) 式的两次作用，还引入了一个描述关联效应强弱的参数 μ。当 $\mu = 0$ 时，表示无关联泡利噪声；当 $\mu = 1$ 时，表示关联效应最大。

2. 关联振幅阻尼噪声

在 1.3.1 节中，介绍了单量子比特的振幅阻尼噪声，如 (1.21) 式所示。对于无关联的两量子比特振幅阻尼噪声，系统的演化可以表示成两个振幅阻尼噪声运算元的张量积

$$\varepsilon_{\mathrm{AD}}^{(2)}(\rho) = \varepsilon_{\mathrm{AD}}^{\otimes 2}(\rho) = \sum_{i,j=0}^{1} E_{ij} \rho E_{ij}^{\dagger} \tag{1.31}$$

其中，$E_{ij} = E_i \otimes E_j$，$E_i(i = 0, 1)$ 如 (1.22) 式所示。如果是关联振幅阻尼噪声，由文献 [34] 可知，其演化为

$$\varepsilon_{\mathrm{CAD}}(\rho) = (1 - \mu) \sum_{i,j=0}^{1} E_{ij} \rho E_{ij}^{\dagger} + \mu \sum_{k=0}^{1} A_k \rho A_k^{\dagger} \tag{1.32}$$

其中，下标 CAD 表示 correlated amplitude damping，即关联振幅阻尼。运算元 A_k 的显式表达式可通过求解关联 Lindblad 方程来确定 [35]，如下式所示：

$$A_0 = \begin{pmatrix} 1 & 0 & 0 & 0 \\ 0 & 1 & 0 & 0 \\ 0 & 0 & 1 & 0 \\ 0 & 0 & 0 & \sqrt{1-\gamma} \end{pmatrix}, \quad A_1 = \begin{pmatrix} 0 & 0 & 0 & \sqrt{\gamma} \\ 0 & 0 & 0 & 0 \\ 0 & 0 & 0 & 0 \\ 0 & 0 & 0 & 0 \end{pmatrix} \tag{1.33}$$

对于无关联的振幅阻尼噪声，两个量子比特的耗散衰减 $|1\rangle \to |0\rangle$ 是独立进行的，如图 1.4(a) 所示。关联振幅阻尼噪声中的关联效应会导致两个量子比特的耗散衰减同时进行，即 $|11\rangle \to |00\rangle$，如图 1.4(b) 所示。

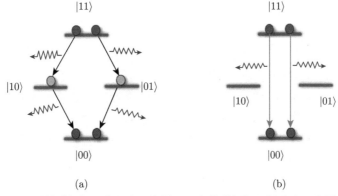

图 1.4　无关联振幅阻尼噪声示意图 (a) 和关联振幅阻尼噪声示意图 (b)

1.4   量 子 测 量

量子力学中的测量称为量子测量。量子测量不同于一般经典力学中的测量, 一方面, 对处于相同状态的量子系统进行同一个物理观测量的测量可能会得到完全不同的结果, 根据量子力学假设三 (详见 1.1.1 节), 这些测量结果都是该物理观测量的本征值, 符合一定的概率分布。另一方面, 量子测量会对被测量子系统产生影响, 从而改变被测量子系统的状态。即与经典物理中的测量不同, 量子测量在获得量子系统相关信息的同时一般会对系统的状态产生干扰。

量子测量可以通过一个测量算符的集合 $\{\hat{M}_m\}$ 来表示, 其中下标 m 表示测量所得的第 m 种结果。假设测量前量子系统处于状态 $|\psi\rangle$, 那么测量后得到第 m 种结果的概率为

$$p(m) = \left\langle \psi \left| \hat{M}_m^\dagger \hat{M}_m \right| \psi \right\rangle \tag{1.34}$$

显然, 测量得到所有可能结果的概率之和为 1, 即

$$\sum_m p(m) = \sum_m \left\langle \psi \left| \hat{M}_m^\dagger \hat{M}_m \right| \psi \right\rangle = 1 \tag{1.35}$$

而相应的量子系统的状态也变为

$$|\psi\rangle \to \frac{\hat{M}_m|\psi\rangle}{\sqrt{\left\langle \psi \left| \hat{M}_m^\dagger \hat{M}_m \right| \psi \right\rangle}} \tag{1.36}$$

量子力学中最常见的测量就是投影测量 (projective measurement)。投影测量的算符一般写成

$$\hat{P} = \sum_i |i\rangle\langle i| \tag{1.37}$$

其中, $|i\rangle$ 为被测子系统状态空间的某个子空间的一组正交完备基向量, 算符 $\hat{P}$ 可以将一个状态向量投影到该子空间, 因此被称为投影算符。经过投影测量后得到第 m 种结果的概率由公式 (1.34) 描述。例如, 一个量子比特的状态为 $|\psi\rangle = a|0\rangle + b|1\rangle$, 被 $\{\hat{M}_m\} = \{\hat{M}_0, \hat{M}_1\}$ 测量, 其中 $\hat{M}_0 = |0\rangle\langle 0|$, $\hat{M}_1 = |1\rangle\langle 1|$, 显然会有

$$p(0) = \left\langle \psi \left| \hat{M}_0^\dagger \hat{M}_0 \right| \psi \right\rangle = \langle\psi|0\rangle\langle 0|\psi\rangle = |a|^2$$

$$p(1) = \left\langle \psi \left| \hat{M}_1^\dagger \hat{M}_1 \right| \psi \right\rangle = \langle\psi|1\rangle\langle 1|\psi\rangle = |b|^2 \tag{1.38}$$

可以发现，经过投影测量后，系统的状态要么变成 |0⟩ 要么变成 |1⟩，即投影到了基向量 |0⟩ 或 |1⟩ 构成的一维状态空间，如图 1.5(a) 所示。量子系统从初始处于二维的状态空间，经过投影测量后坍缩到一维的状态空间，这个过程就是量子态坍缩。

1.4.1　量子弱测量

投影算符是一个不可逆算符，投影测量在获取信息的同时对系统的量子态造成不可恢复的破坏。因此，这在许多情形中并不是最优的选择，例如量子反馈控制策略中，需要平衡信息的获取和对量子系统的干扰时，投影测量虽然获得的信息多，但造成的干扰也最大，不是最优的选择 [36-38]。

量子弱测量是一种更广义的测量方式①，在量子反馈控制领域，虽然量子弱测量方式获得的信息不如投影测量多，但是它对量子态的扰动要小得多，而且经过量子弱测量后的量子态仍然具有一定的可恢复性。更重要的是，量子弱测量的测量强度是可调的，能通过选择合适的测量强度，达到"信息–扰动"的平衡，使得反馈控制的效果最优。量子弱测量的非完全破坏性、可恢复性和测量强度可调性的优点引起了很多研究人员的兴趣。基于量子弱测量对被测量子系统扰动小的特点，可以分辨两个非正交的量子态，也可以实现纠缠提纯，或者实现最优量子反馈控制。基于量子弱测量可恢复性的特点，可以恢复量子纠缠、抑制量子退相干等。

从物理操作角度来看，量子弱测量可以利用一个探测器对环境进行探测 [41,42]，如果环境处于激发态 |1⟩，探测器会有响应，此种情况对应的概率为 p，如果环境处于基态 |0⟩，探测器则不响应。因此，探测器可以获得部分量子态的信息，下面予以具体的数学描述。

如果探测器有响应，那么量子比特的状态会不可逆地坍缩到 |1⟩ 态，此时测量算符可写成

$$\hat{M}_1 = \sqrt{p}|1\rangle\langle 1| = \begin{pmatrix} 0 & 0 \\ 0 & \sqrt{p} \end{pmatrix} \tag{1.39}$$

显然，测量算符 $\hat{M}_1$ 对应的矩阵数学上不可逆，所以 $\hat{M}_1$ 是不可逆的。

如果探测器没有响应，则对应于测量算符 $\hat{M}_2$，其具体形式可以用完备性关系推导出来，因为 $\hat{M}_1^\dagger \hat{M}_1 + \hat{M}_2^\dagger \hat{M}_2 = I$，所以容易得到

---

① 本书讨论的量子弱测量是相对于冯·诺依曼投影测量而言的，本质上是一种半正定算子测量 (positive operator-valved measure，POVM)。需要指出的是，这种 POVM 的弱测量方式与 Y. Aharonov, D. Z. Albert, L. Vaidman 等 [39] 提出的基于预选择 (pre-selection) 和后选择 (post-selection) 的弱测量方式有所不同，也不同于 S. Lloyd 等 [40] 提出的对全同粒子系综进行集体弱测量。这里我们所涉及的仅是对单个粒子的 POVM，这种测量对量子系统的干扰不如冯·诺依曼投影测量强，故也被称为弱测量。

$$\hat{M}_2 = |0\rangle\langle 0| + \sqrt{1-p}|1\rangle\langle 1| = \begin{pmatrix} 1 & 0 \\ 0 & \sqrt{1-p} \end{pmatrix} \tag{1.40}$$

因此，没有响应的探测器正是对应于将 $\hat{M}_2$ 作用于一个量子比特后的结果。$\hat{M}_2$ 就是所谓的量子弱测量，容易验证，将 $\hat{M}_2$ 作用于 $|\psi\rangle = a|0\rangle + b|1\rangle$ 后有

$$|\psi\rangle_{\mathrm{f}} = \frac{\hat{M}_2|\psi\rangle}{\sqrt{\left\langle \psi \left| \hat{M}_2^\dagger \hat{M}_2 \right| \psi \right\rangle}} = \frac{a}{\sqrt{1-p|b|^2}}|0\rangle + \frac{b\sqrt{1-p}}{\sqrt{1-p|b|^2}}|1\rangle \tag{1.41}$$

可以看出，经过测量后的态并没有完全坍缩到 $|0\rangle$ 或者 $|1\rangle$ 态，如图 1.5(b) 所示。如果通过适当的操作，可以消除此次测量对被测量子系统的影响。根据 (1.40) 式，可以求出对应的逆矩阵

$$\hat{M}_2^{-1} = \frac{1}{\sqrt{1-p}} \begin{pmatrix} \sqrt{1-p} & 0 \\ 0 & 1 \end{pmatrix} \tag{1.42}$$

不难看出，如果将 $\hat{M}_2^{-1}$ 作用到 $|\psi\rangle_{\mathrm{f}}$ 可以将量子系统的状态恢复到 $|\psi\rangle$，从而完全消除了 $\hat{M}_2$ 的影响。考虑到 $\hat{M}_2$ 和 $\hat{M}_2^{-1}$ 都不是酉算符，所以整个过程的概率不守恒，是一种概率性的操作。

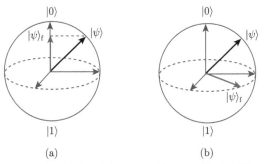

图 1.5　投影测量示意图 (a) 和量子弱测量示意图 (b)

1.4.2　环境辅助测量

　　环境辅助测量也是一种常用于量子调控的技术，近年来引起了许多学者的关注 [43-45]。环境辅助测量通过对环境进行监测而实现，由于量子系统和环境相互作用后，量子系统和环境的状态之间不再是乘积态，而是会变成一个纠缠态，所以对环境进行测量也可以获得系统的信息。除此之外，还能获得环境的部分信息，从而更有利于后续的量子调控操作。

在 1.3 节中，我们发现一个量子系统与环境相互作用后，其系统的约化密度矩阵可用算子和来表示，如 (1.17) 式所示。环境辅助测量的主要思想是：对环境测量会将环境的态投影到其可观测量的本征态，相应地，系统的状态也会被投影到和环境测量结果相对应的某个态。例如，如果环境的测量结果是 n，那么量子系统的状态就会被投影到

$$\rho_n = E_n \rho(0) E_n^\dagger \tag{1.43}$$

如果运算元 E_n 能够进行随机酉分解 (random unitary decomposition)[46]，即

$$E_n = c_n U_n \tag{1.44}$$

其中，U_n 是一个幺正算符，且有 $\sum\limits_n |c_n|^2 = 1$。那么量子系统的初态就可以被完全恢复

$$\rho_{R,n} = R_n \rho_n R_n^\dagger = c_n^* U_n^\dagger \rho_n c_n U_n = \rho(0) \tag{1.45}$$

可以很清楚地看出，只要能够找到适合的随机酉分解，就可以通过适当的操作将受环境噪声影响后的量子态完全恢复到初始状态，彻底消除环境噪声的影响。因为整个过程都是酉操作，所以成功概率等于 1，是一种确定性的方案。

然而，并不是任何情况下都能对运算元 E_n 进行随机酉分解，对于相位阻尼噪声，能够找到随机酉分解，但是对于振幅阻尼噪声，则不存在对应的随机酉分解。Kelvin Wang 等[44]将随机酉分解推广到了非酉情形，建立了一种利用环境辅助测量恢复量子态的概率性方案，其主要思路示意图，如图 1.6 所示。具体过

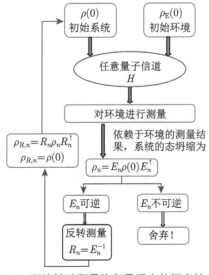

图 1.6　环境辅助测量恢复量子态的概率性方案

程如下，量子系统经过任意量子信道后，其和环境则会处于量子纠缠态，通过对环境的测量可以使系统坍缩到 $E_n\rho(0)E_n^\dagger$。若 E_n 是不可逆的，则舍弃测量结果；若 E_n 是可逆的，则可以对量子系统施加量子测量反转操作恢复系统初始态 $\rho(0)$。

　　可以看出，该方案的主要思想就是找到运算元 E_n 的逆矩阵。只要能够找到运算元 E_n 的逆矩阵，就可以设计适当的操作来逆转运算元 E_n 的影响，从而恢复量子系统的状态。对于相位阻尼噪声，所有的运算元 E_n 都有对应的逆矩阵，因此总可以找到它们的逆矩阵。而对于其他的噪声，并不是所有的运算元 E_n 都有对应的逆矩阵，所以才会是一种概率性的方案。

第 2 章　开放系统下的量子纠缠制备

量子纠缠是量子力学中一个比较迷人的方面，它是使量子信息处理强于经典通信和计算的关键资源[6,47-53]。鉴于纠缠在理论和应用方面的重要意义，人们投入了大量的精力研究基于不同的物理平台制备量子纠缠的理论方案及其实验实现。由于实际的量子系统会不可避免地与它所处的环境发生相互作用，因此在对实验实际情况进行描述时，关于开放量子系统下量子纠缠制备的研究自然引起了人们的极大兴趣。本章主要研究考虑原子的自发辐射、腔与光纤的光子泄漏等噪声下三量子比特 GHZ (Greenberger-Horne-Zeilinger) 态[54]及 Wn 态的制备方案[55]。

腔量子电动力学 (quantum electrodynamics, QED) 是一种有发展潜力的制备共享纠缠的装置，原因是其可以很好地把原子与环境隔离开来，并且能够实现原子与腔的强耦合[56,57]。到目前为止，有三种基于腔 QED 制备空间分离的原子间共享纠缠的方案。第一种，在原子与腔相互作用的过程中，通过探测腔泄漏的光子实现[58]，但是这种方案只能以一定的概率取得成功。第二种，利用纠缠光驱动空间分离的腔[59]，从而使光子间的纠缠转换为原子间的纠缠，但是纠缠光较难得到。第三种，基于腔之间的直接连接实现的确定性方案[60-64]，其中较有前途的是通过光纤连接空间分离的腔。基于通过光纤连接的腔与原子耦合组成的模型，人们提出了许多制备原子比特间共享纠缠态的方案。就实现手段而言，分为控制相互作用时间和绝热演化两种类型。迄今为止，人们提出了制备两比特纠缠态[60-62]、两量子垂特 (qutrit) 纠缠态[63,64]及多体 W 态[61,62]的方案。

2.1　基于原子–腔–光纤耦合系统制备三体 GHZ 态的方案

众所周知，三比特纠缠态分为两种类型：GHZ 态和 W 态。通过随机局域操作和经典通信 (LOCC)，这两种类型的纠缠态不能相互转化[65]。但是，有一些量子信息处理任务用 GHZ 态可以完成而用 W 态则不能[66-69]。近来，吕新友等提出了通过控制相互作用时间制备三原子 GHZ 态的方案[70]。此方案是基于三个原子分别与通过光纤连接的三个腔耦合组成的系统实现的。基于相同的系统，选择不同的原子能级结构，郑仕标提出了通过绝热通道制备 GHZ 态的方案[71]。

然而，为了完成某些量子信息处理任务，如量子隐形传态[66]、量子秘密共享[68]和量子密集编码[69]等，所需的 GHZ 态须是由两方共享。在本节中，提出通过控制相互作用时间和绝热通道制备 GHZ 态的两种方案。它是基于三个原子分别与通过光纤连接的两个腔耦合组成的系统实现的。与只讨论了强耦合情况的文献 [70] 中的方案相比，这些方案可以在腔与光纤弱耦合的情况下实现。此外，可以通过一步操作同时完成两个绝热过程制备三量子比特 GHZ 态。这比文献 [71] 的方案更容易实现，它需要三步操作，涉及两个绝热过程，并且不能同时完成。最后，考虑了原子自发辐射、光子的泄漏等消相干过程带来的影响，并讨论了这两种方案在实验上的可行性。

2.1.1　通过控制相互作用时间制备三体 GHZ 态

首先,介绍原子–腔–光纤耦合系统。如图 2.1(a) 所示，原子 1 与双模腔 A 耦合。原子 2 和 3 与双模腔 B 耦合。图 2.1(b) 所示的原子可以通过选择 $^{40}\text{Ca}^+$ 的适当能级来实现[72-74]。简并能级 $|e_l\rangle$ 和 $|e_r\rangle$ 分别对应于 $4^2\text{P}_{1/2}$ 的塞曼子态 $|m_J = -1/2\rangle$ 和 $|m_J = 1/2\rangle$。$|g_l\rangle$ 和 $|g_r\rangle$ 分别对应于 $4^2\text{S}_{1/2}$ 的塞曼子态 $|m_J = 1/2\rangle$ 和 $|m_J = -1/2\rangle$。$|f_l\rangle$ 和 $|f_r\rangle$ 分别与 $4^2\text{D}_{1/2}$ 的塞曼子态 $|m_J = -3/2\rangle$ 和 $|m_J = 3/2\rangle$ 对应。原子跃迁 $|g_l\rangle \leftrightarrow |e_l\rangle$ 与腔的左旋偏振模耦合，而 $|g_r\rangle \leftrightarrow |e_r\rangle$ 与腔的右旋偏振模耦合。在原子与腔模相互作用过程中，中间态 $|f_l\rangle$ 和 $|f_r\rangle$ 不受影响。原子与腔的相互作用哈密顿表达式如下 ($\hbar = 1$):

$$H_{\text{I}}^{\text{ac}} = (g_{l,1}a_l^\dagger|g_l\rangle_1\langle e_l| + g_{r,1}a_r^\dagger|g_r\rangle_1\langle e_r| + \text{h.c.})$$

$$+ \sum_{j=2,3}(g_{l,j}b_l^\dagger|g_l\rangle_j\langle e_l| + g_{r,j}b_r^\dagger|g_r\rangle_j\langle e_r| + \text{h.c.}) \tag{2.1}$$

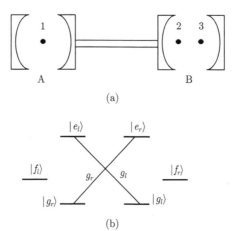

图 2.1　制备三原子比特 GHZ 态的装置 (a) 和涉及的原子能级结构 (b)

其中，$a_l(b_l)$ 和 $a_r(b_r)$ 分别是腔 A(B) 的左旋和右旋偏振模的湮灭算符。$g_{l,k}$ 和

$g_{r,k}$ (k =1,2,3) 分别是第 k 个原子与腔的左旋和右旋偏振模的耦合系数。不失一般性，文中假设它们全为实数。

另一方面，在短光纤极限下，即 $l\bar{v}/(2\pi c) \ll 1$，其中，l 表示光纤的长度，$\bar{v}$ 是腔模衰减为光纤连续模的速率，腔与光纤的相互作用哈密顿表达式为 [75-77]

$$H_{\mathrm{I}}^{\mathrm{cf}} = \lambda_l c_l(a_l^\dagger + b_l^\dagger) + \lambda_r c_r(a_r^\dagger + b_r^\dagger) + \mathrm{h.c.} \tag{2.2}$$

其中，c_l 和 c_r 分别为光纤的左旋和右旋偏振模的湮灭算符；λ_l 和 λ_r 分别为腔与光纤的左旋–左旋模和右旋–右旋模耦合系数，假设它们均为实数。因此，在相互作用表象中，原子–腔–光纤耦合系统的哈密顿表达式为

$$H_{\mathrm{I}} = H_{\mathrm{I}}^{\mathrm{ac}} + H_{\mathrm{I}}^{\mathrm{cf}} \tag{2.3}$$

起初，使系统处于态

$$|\psi(0)\rangle = \frac{1}{\sqrt{2}}(|e_l\rangle_1 + |e_r\rangle_1)\,|g_l\rangle_2\,|g_r\rangle_3\,|0_l 0_r\rangle_A\,|0_l 0_r\rangle_f\,|0_l 0_r\rangle_B \tag{2.4}$$

受 (2.1) 式所示哈密顿的支配，囚禁在 A 腔中的原子 1 经跃迁 $|e_l\rangle \to |g_l\rangle$ 和 $|e_r\rangle \to |g_r\rangle$ 分别辐射出一个左旋偏振和一个右旋偏振的光子。由 (2.2) 式所示的哈密顿可知，光子会经光纤进入 B 腔。因此，B 腔中处于基态 $|g_l\rangle$ 的原子 2 将会吸收左旋偏振光子发生跃迁 $|g_l\rangle \to |e_l\rangle$；同时，原子 3 吸收右旋偏振光子发生跃迁 $|g_r\rangle \to |e_r\rangle$。历经以上过程，原子–腔–光纤耦合系统的态将演化为 $|\psi(t)\rangle = \sum_{i=1}^{10} c_i\,|\varphi_i\rangle$，其中

$$|\varphi_1\rangle = |e_l\rangle_1|g_l\rangle_2|g_r\rangle_3|0_l 0_r\rangle_A|0_l 0_r\rangle_f|0_l 0_r\rangle_B$$

$$|\varphi_2\rangle = |g_l\rangle_1|g_l\rangle_2|g_r\rangle_3|1_l 0_r\rangle_A|0_l 0_r\rangle_f|0_l 0_r\rangle_B$$

$$|\varphi_3\rangle = |g_l\rangle_1|g_l\rangle_2|g_r\rangle_3|0_l 0_r\rangle_A|1_l 0_r\rangle_f|0_l 0_r\rangle_B$$

$$|\varphi_4\rangle = |g_l\rangle_1|g_l\rangle_2|g_r\rangle_3|0_l 0_r\rangle_A|0_l 0_r\rangle_f|1_l 0_r\rangle_B$$

$$|\varphi_5\rangle = |g_l\rangle_1|e_l\rangle_2|g_r\rangle_3|0_l 0_r\rangle_A|0_l 0_r\rangle_f|0_l 0_r\rangle_B \tag{2.5}$$

$$|\varphi_6\rangle = |e_r\rangle_1|g_l\rangle_2|g_r\rangle_3|0_l 0_r\rangle_A|0_l 0_r\rangle_f|0_l 0_r\rangle_B$$

$$|\varphi_7\rangle = |g_r\rangle_1|g_l\rangle_2|g_r\rangle_3|0_l 1_r\rangle_A|0_l 0_r\rangle_f|0_l 0_r\rangle_B$$

$$|\varphi_8\rangle = |g_r\rangle_1|g_l\rangle_2|g_r\rangle_3|0_l 0_r\rangle_A|0_l 1_r\rangle_f|0_l 0_r\rangle_B$$

$$|\varphi_9\rangle = |g_r\rangle_1|g_l\rangle_2|g_r\rangle_3|0_l 0_r\rangle_A|0_l 0_r\rangle_f|0_l 1_r\rangle_B$$

$$|\varphi_{10}\rangle = |g_r\rangle_1|g_l\rangle_2|e_r\rangle_3|0_l0_r\rangle_{\mathrm{A}}|0_l0_r\rangle_{\mathrm{f}}|0_l0_r\rangle_{\mathrm{B}}$$

其中，$|1_l0_r\rangle_{\mathrm{A(B,f)}}$ 表示在腔 A，B 或光纤中有 1 个左旋偏振光子和 0 个右旋偏振光子。在整个过程中，系统态的演化遵从薛定谔方程

$$\mathrm{i}\frac{\partial}{\partial t}|\psi(t)\rangle = H_{\mathrm{I}}|\psi(t)\rangle \tag{2.6}$$

其中，H_{I} 是 (2.3) 式所示的哈密顿量。假设 $g_{l,k} = g_{r,k} = g\ (k = 1, 2, 3)$，并且 $\lambda_l = \lambda_r = \lambda$。联合 (2.5) 和 (2.6) 式，解方程得

$$c_1 = c_6 = \frac{1}{\sqrt{2}}\left[\frac{\lambda^2}{G^2} + \frac{1}{2}\cos(gt) + \frac{g^2}{2G^2}\cos(Gt)\right]$$

$$c_2 = c_7 = -\mathrm{i}\frac{\sqrt{2}}{4}\left[\sin(gt) + \frac{g}{G}\sin(Gt)\right]$$

$$c_3 = c_8 = \mathrm{i}\frac{\sqrt{2}}{2}\frac{g\lambda}{G^2}[\cos(Gt) - 1] \tag{2.7}$$

$$c_4 = c_9 = -\mathrm{i}\frac{\sqrt{2}}{4}\left[\sin(gt) - \frac{g}{G}\sin(Gt)\right]$$

$$c_5 = c_{10} = \frac{1}{\sqrt{2}}\left[\frac{\lambda^2}{G^2} - \frac{1}{2}\cos(gt) + \frac{g^2}{2G^2}\cos(Gt)\right]$$

其中，$G = \sqrt{2\lambda^2 + g^2}$。

令比例系数 $k = \lambda/g$。当 $gt = (2n+1)\pi\ (n = 0, 1, 2, \cdots)$，$\sqrt{2k^2+1} = 2m\ (m = 1, 2, \cdots)$ 时，由 (2.7) 式得 $c_1 = c_2 = c_3 = c_4 = c_6 = c_7 = c_8 = c_9 = 0$，$c_5 = c_{10} = 1/\sqrt{2}$。整理可得，与腔模和光纤模可分离的三原子纠缠态为 $(|g_l\rangle_1|e_l\rangle_2|g_r\rangle_3 + |g_r\rangle_1|g_l\rangle_2|e_r\rangle_3)/\sqrt{2}$。对原子比特施行非对称编码[78]，即原子比特 1 编码在 $|g_l\rangle_1$ 和 $|g_r\rangle_1$ 能级上，原子比特 2 和 3 分别编码在由基 $\{|e_l\rangle_2, |g_l\rangle_2\}$ 和 $\{|g_r\rangle_3, |e_r\rangle_3\}$ 组成的空间上，这样，这个态可以等效为 $(|0\rangle_1|0\rangle_2|0\rangle_3 + |1\rangle_1|1\rangle_2|1\rangle_3)/\sqrt{2}$。

然而，实际情况下，并不一定能精确地满足条件 $\sqrt{2k^2+1} = 2m\ (m = 1, 2, \cdots)$。依照保真度的定义 $F = |\langle\psi|\ \psi(t)\rangle|^2$，图 2.2 展示了比例系数 (腔–光纤耦合系数与原子–腔耦合系数的比值) 误差对所制备纠缠态的保真度带来的影响。由图 2.2(a) 知，当 $k = \sqrt{6}/2 \approx 1.22$ 时，对于参数的偏离，方案具有较好的鲁棒性。由图 2.2(b) 发现随着比例系数的增大保真度愈加稳定。当 $k \geqslant 15$ 时，保真度处于 0.995~1。也就是说，当 $\lambda \geqslant 15g$ 时，条件 $\sqrt{2k^2+1} = 2m(m = 1, 2, \cdots)$ 可以被忽略。

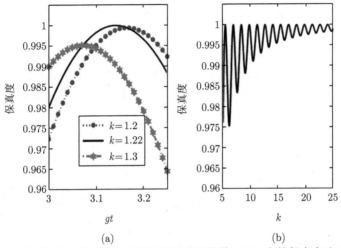

图 2.2 对应于不同的比例系数，所制备的三原子比特 GHZ 态的保真度随时间的演化
曲线 (a) 和当 $gt = \pi$ 时，保真度关于 k 的函数曲线 (b)

接下来，探讨原子的自发辐射、腔与光纤的光子泄漏等环境噪声带来的影响。在没有探测到原子自发辐射及腔和光纤泄漏光子的情况下，原子–腔–光纤耦合系统态的演化由条件哈密顿支配。条件哈密顿可以表示为 [79,80]

$$H_{\mathrm{C}} = H_{\mathrm{I}} - \mathrm{i} \sum_{j=l,r} \left(\frac{\kappa_{\mathrm{A},j}}{2} a_j^\dagger a_j + \frac{\kappa_{\mathrm{B},j}}{2} b_j^\dagger b_j + \frac{\gamma_j}{2} c_j^\dagger c_j \right.$$

$$\left. + \frac{\Gamma_{1,j}}{2} |e_j\rangle_1 \langle e_j| + \frac{\Gamma_{2,j}}{2} |e_j\rangle_2 \langle e_j| + \frac{\Gamma_{3,j}}{2} |e_j\rangle_3 \langle e_j| \right) \tag{2.8}$$

其中，$\kappa_{\mathrm{A},j}$、$\kappa_{\mathrm{B},j}$ 和 γ_j 分别表示腔 A、B 及光纤的左旋和右旋偏振模的衰减系数。$\Gamma_{1,j}$、$\Gamma_{2,j}$ 和 $\Gamma_{3,j}$ 分别为原子 1、2 和 3 的激发态 $|e_j\rangle$ 的自发辐射系数。

对于初态 $|\psi(0)\rangle$，其演化遵循 (2.9) 式所示的方程

$$\mathrm{i} \frac{\partial}{\partial t} |\psi(t)\rangle = H_{\mathrm{C}} |\psi(t)\rangle \tag{2.9}$$

为了简单起见，假设 $\kappa_{\mathrm{A},j} = \kappa_{\mathrm{B},j} = \kappa$，$\Gamma_{1,j} = \Gamma_{2,j} = \Gamma_{3,j} = \Gamma$，$\gamma_j = \gamma$ $(j = l, r)$。由 (2.9) 式计算可以得到考虑噪声情况下所制备纠缠态的保真度。

对应于参数 $\Gamma = \kappa = 0.01g$，不同的腔–光纤耦合系数 λ(即不同的比例系数 k) 和光纤耗散系数 γ 值，在图 2.3 中画出了所制备三原子共享 GHZ 态的保真度随时间 gt 变化的曲线。由图 2.3 可得，随着腔–光纤耦合系数即比例系数 k 的增大，光纤的光子泄漏带来的影响可以得到有效抑制。原因是，当 $\lambda \gg g$ 时，光子在光纤中的传输时间远小于原子与腔的相互作用时间。那么，在整个过程中

光纤的模基本上未被激发，这样光纤的光子泄漏带来的损失就会被大大减少。当 $\Gamma \leqslant 0.01g$ 和 $\kappa \leqslant 0.01g$ 时，保真度接近于 0.97。在这种情形下，当腔与光纤耦合较强时，即使 $\gamma = 0.1g$ 亦可以以比较高的保真度制得三原子共享 GHZ 态，如图 2.3(b) 中虚线所示；当光纤与腔的耦合较弱而比例系数满足条件 $\sqrt{2k^2 + 1} = 2m$ $(m = 1, 2, \cdots)$ 时，只有 $\gamma \leqslant 0.01g$ 时才能以较高的保真度制得三原子共享 GHZ 态。

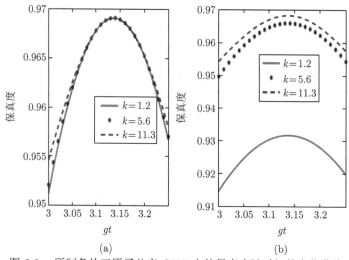

图 2.3   所制备的三原子共享 GHZ 态的保真度随时间的变化曲线

(a) $\kappa = \Gamma = \gamma = 0.01g$；(b) $\gamma = 0.1g, \kappa = \Gamma = 0.01g$

最后，讨论此制备三原子共享 GHZ 态的方案在实验上的可行性。鉴于最近在高品质因子 (Q) 腔及原子–腔强耦合实验方面取得的进展，利用现有技术可以实现超高 $Q (\approx 10^8)$ 光学腔和强耦合 $(g/\kappa \geqslant 165)$[81-83]。因此，以高保真度制备三原子共享 GHZ 态的条件——腔的耗散系数远小于原子–腔耦合系数 $(\kappa \leqslant 0.01g)$，可以在实验上实现。其次，可以通过绝热消除 $|e_l\rangle$ 和 $|e_r\rangle$ 等激发态进而有效抑制原子的自发辐射。至于腔与光纤的连接，近乎完美的耦合 (效率大于 99.9%) 可以通过高 Q 硅微球与光纤渐变器的耦合来实现[84-86]。即便不能实现光纤–腔的强耦合，如果光纤的耗散系数比较小，此方案亦能够以较高的保真度制得三原子共享 GHZ 态。相信，随着实验上取得的进展，可以以更高的保真度实现此制备纠缠的方案。

2.1.2   通过绝热通道制备三体 GHZ 态

在本节，展示经由绝热通道制备三体 GHZ 态的方案。此方案可以通过添加左旋和右旋偏振光驱动图 2.1(b) 所示原子的 $|f_l\rangle \rightarrow |e_l\rangle$ 和 $|f_r\rangle \rightarrow |e_r\rangle$ 能级跃迁

来实现。那么，原子–腔–光纤耦合系统的哈密顿可以表示为

$$H_I = \sum_{j=l,r} \left[\Omega_j^{(1)} |e_j\rangle_1 \langle f_j| + g_{j,1} a_j |e_j\rangle_1 \langle g_j| + \text{h.c.} \right]$$

$$+ \sum_{j=l,r}^{k=2,3} \left[\Omega_j^{(k)} |e_j\rangle_k \langle f_j| + g_{j,k} b_j |e_j\rangle_k \langle g_j| + \text{h.c.} \right]$$

$$+ \left[\lambda_l c_l \left(a_l^\dagger + b_l^\dagger \right) + \lambda_r c_r \left(a_r^\dagger + b_r^\dagger \right) + \text{h.c.} \right] \tag{2.10}$$

其中，含时间的参数 $\Omega_j^{(i)}$ ($i=1,2$ 和 $j=l,r$) 表示左旋或右旋偏振驱动光与第 i 个原子耦合的拉比频率。其他参数的意义同 2.1.1 节中所述。不失一般性，假设 $g_{j,i} = g(i=1,2,3$ 和 $j=l,r)$，$\lambda_l = \lambda_r = \lambda$。对于初态 $|f_l\rangle_1 |g_l\rangle_2 |g_r\rangle_3 \otimes |0_l 0_r\rangle_A |0_l 0_r\rangle_f |0_l 0_r\rangle_B$，系统的态将在以 $\{|\varphi_i\rangle (i=1,2,\cdots,7)\}$ 为基矢的空间中演化。$|\varphi_i\rangle$ 的具体形式为

$$|\varphi_1\rangle = |f_l\rangle_1 |g_l\rangle_2 |g_r\rangle_3 |0_l 0_r\rangle_A |0_l 0_r\rangle_f |0_l 0_r\rangle_B$$

$$|\varphi_2\rangle = |e_l\rangle_1 |g_l\rangle_2 |g_r\rangle_3 |0_l 0_r\rangle_A |0_l 0_r\rangle_f |0_l 0_r\rangle_B$$

$$|\varphi_3\rangle = |g_l\rangle_1 |g_l\rangle_2 |g_r\rangle_3 |1_l 0_r\rangle_A |0_l 0_r\rangle_f |0_l 0_r\rangle_B$$

$$|\varphi_4\rangle = |g_l\rangle_1 |g_l\rangle_2 |g_r\rangle_3 |0_l 0_r\rangle_A |1_l 0_r\rangle_f |0_l 0_r\rangle_B \tag{2.11}$$

$$|\varphi_5\rangle = |g_l\rangle_1 |g_l\rangle_2 |g_r\rangle_3 |0_l 0_r\rangle_A |0_l 0_r\rangle_f |1_l 0_r\rangle_B$$

$$|\varphi_6\rangle = |g_l\rangle_1 |e_l\rangle_2 |g\rangle_3 |0_l 0_r\rangle_A |0_l 0_r\rangle_f |0_l 0_r\rangle_B$$

$$|\varphi_7\rangle = |g_l\rangle_1 |f_l\rangle_2 |g_r\rangle_3 |0_l 0_r\rangle_A |0_l 0_r\rangle_f |0_l 0_r\rangle_B$$

此空间中存在暗态

$$|D_1\rangle = \frac{1}{N} \left[g\Omega_l^{(2)} |\varphi_1\rangle - \Omega_l^{(1)} \Omega_l^{(2)} (|\varphi_3\rangle - |\varphi_5\rangle) - g\Omega_l^{(1)} |\varphi_7\rangle \right] \tag{2.12}$$

其中，N 为归一化常数。对于初态 $|f_r\rangle_1 |g_l\rangle_2 |g_r\rangle_3 |0_l 0_r\rangle_A |0_l 0_r\rangle_f |0_l 0_r\rangle_B$，系统的态将在以 $\{|\varphi_i'\rangle(i=1,2,\cdots,7)\}$ 为基矢的空间中演化。$|\varphi_i'\rangle$ 的具体形式如下：

$$|\varphi_1'\rangle = |f_r\rangle_1 |g_l\rangle_2 |g_r\rangle_3 |0_l 0_r\rangle_A |0_l 0_r\rangle_f |0_l 0_r\rangle_B$$

$$|\varphi_2'\rangle = |e_r\rangle_1 |g_l\rangle_2 |g_r\rangle_3 |0_l 0_r\rangle_A |0_l 0_r\rangle_f |0_l 0_r\rangle_B$$

$$|\varphi_3'\rangle = |g_r\rangle_1 |g_l\rangle_2 |g_r\rangle_3 |0_l 1_r\rangle_A |0_l 0_r\rangle_f |0_l 0_r\rangle_B$$

$$|\varphi_4\rangle = |g_r\rangle_1|g_l\rangle_2|g_r\rangle_3|0_l0_r\rangle_A|0_l1_r\rangle_f|0_l0_r\rangle_B \tag{2.13}$$

$$|\varphi_5'\rangle = |g_r\rangle_1|g_l\rangle_2|g_r\rangle_3|0_l0_r\rangle_A|0_l0_r\rangle_f|0_l1_r\rangle_B$$

$$|\varphi_6'\rangle = |g_r\rangle_1|g_l\rangle_2|e_r\rangle_3|0_l0_r\rangle_A|0_l0_r\rangle_f|0_l0_r\rangle_B$$

$$|\varphi_7'\rangle = |g_r\rangle_1|g_l\rangle_2|f_r\rangle_3|0_l0_r\rangle_A|0_l0_r\rangle_f|0_l0_r\rangle_B$$

此空间中存在暗态

$$|D_2\rangle = \frac{1}{N'}\left[g\Omega_r^{(2)}|\varphi_1'\rangle - \Omega_r^{(1)}\Omega_r^{(2)}\left(|\varphi_3'\rangle - |\varphi_5'\rangle\right) - g\Omega_r^{(1)}|\varphi_7'\rangle\right] \tag{2.14}$$

其中，N' 为归一化常数。由 (2.11)~(2.14) 式发现当原子–腔–光纤系统处于暗态时，三个原子无一处于激发态，并且光纤模均处于真空态。此外，如果始终满足条件 $g \gg \Omega_l^{(i)}, \Omega_r^{(i)}$，腔模的激发则可以被忽略。

最初，令 $\Omega_l^{(2)} \gg \Omega_l^{(1)}$，$\Omega_r^{(2)} \gg \Omega_r^{(1)}$。在这种条件下，有 $|D_1\rangle \sim |\varphi_1\rangle$，$|D_2\rangle \sim |\varphi_1'\rangle$，则系统初始处于

$$|\psi(0)\rangle = \frac{1}{\sqrt{2}}(|\varphi_1\rangle + |\varphi_1'\rangle) \tag{2.15}$$

然后，缓慢地增大 $\Omega_l^{(1)}$ 和 $\Omega_r^{(1)}$ 并减小 $\Omega_l^{(2)}$ 和 $\Omega_r^{(2)}$ 直到 $\Omega_l^{(1)} \gg \Omega_l^{(2)}$，$\Omega_r^{(1)} \gg \Omega_r^{(2)}$。那么，态 $|\varphi_1\rangle$ 和 $|\varphi_1'\rangle$ 绝热地演化为了 $|\varphi_7\rangle$ 和 $|\varphi_7'\rangle$。系统的末态为

$$|\psi\rangle = \frac{1}{\sqrt{2}}(|\varphi_7\rangle + |\varphi_7'\rangle) \tag{2.16}$$

此时，三个原子处于态 $\frac{1}{\sqrt{2}}(|g_l\rangle_1|f_l\rangle_2|g_r\rangle_3 + |g_r\rangle_1|g_l\rangle_2|f_r\rangle_3)$，其与腔场和光纤模的态是分离的。利用非对称编码 [78]，即原子比特 1 编码在态 $|g_l\rangle_1$ 和 $|g_r\rangle_1$ 上，原子比特 2 和 3 分别编码在由基矢 $\{|f_l\rangle_2, |g_l\rangle_2\}$ 和 $\{|g_r\rangle_3, |f_r\rangle_3\}$ 组成的希尔伯特空间，这样，三个原子所处的态可以等效于 $(|0\rangle_1|0\rangle_2|0\rangle_3 + |1\rangle_1|1\rangle_2|1\rangle_3)/\sqrt{2}$。

上述结果是在理想的情况下讨论达到的。接下来，考虑消相干带来的影响。由于在整个过程中原子始终不会被激发，光纤处于真空态，因此可以忽略原子的自发辐射及光纤光子泄漏带来的影响。并且，如果原子与腔的耦合强度远大于其与经典激光耦合的拉比频率，光场几乎不被激发。但是，如果不能理想地满足条件 $g \gg \Omega_l^{(i)}\Omega_r^{(i)}$，腔模则会被激发，并衰减为 $|g_l\rangle_1|g_l\rangle_2|g_r\rangle_3|0_l0_r\rangle_A|0_l0_r\rangle_f|0_l0_r\rangle_B$ 和 $|g_r\rangle_1|g_l\rangle_2|g_r\rangle_3|0_l0_r\rangle_A|0_l0_r\rangle_f|0_l0_r\rangle_B$。这将会降低所制备纠缠态的保真度。作为一个具体的例子，假设 $\Omega_l^{(1)} = \Omega_r^{(1)} = \Omega_1 = \Omega_0\exp(-(t-T)^2/(2\tau^2))$，$\Omega_l^{(2)} = \Omega_r^{(2)} = \Omega_2 = \Omega_0\exp(-t^2/(2\tau^2))$，其中，$\Omega_0 = g/4, \tau = 15/g$ [57,62,87]。λ 从 g 到 $50g$，暗态与亮态间的最小能隙为 ΔE_{min}。这种情况下，设定 $g = 1\text{GHz}$，相应地绝热演

化时间 $T \approx 10/(0.2g) = 50\text{ns}^{[88]}$。如图 2.4(a) 所示，可以以较高的保真度制得三原子共享 GHZ 态。$|\varphi_1\rangle$ 和 $|\varphi_1'\rangle$ 分别演化为 $|g_l\rangle_1|g_l\rangle_2|g_r\rangle_3|0_l0_r\rangle_\text{A}|0_l0_r\rangle_\text{f}|0_l0_r\rangle_\text{B}$ 和 $|g_r\rangle_1|g_l\rangle_2|g_r\rangle_3|0_l0_r\rangle_\text{A}|0_l0_r\rangle_\text{f}|0_l0_r\rangle_\text{B}$ 的概率为

$$\varepsilon = \varepsilon' = \kappa \int_0^T \frac{2(\Omega_1\Omega_2)^2}{(g\Omega_1)^2 + 2(\Omega_1\Omega_2)^2 + (g\Omega_2)^2}\,\mathrm{d}t \tag{2.17}$$

原子的最终态可以近似地表示为

$$\rho = |\psi'\rangle\langle\psi'| + \frac{\varepsilon}{2}|g_l\rangle_1|g_l\rangle_2|g_r\rangle_3\langle g_r|_2\langle g_l|_1\langle g_l|$$

$$+ \frac{\varepsilon}{2}|g_r\rangle_1|g_l\rangle_2|g_r\rangle_3\langle g_r|_2\langle g_l|_1\langle g_r| \tag{2.18}$$

式中，$|\psi'\rangle = \frac{1}{\sqrt{2}}\sqrt{1-\varepsilon}(|g_l\rangle_1|f_l\rangle_2|g_r\rangle_3 + |g_r\rangle_1|g_l\rangle_2|f_r\rangle_3)$。图 2.4(b) 表明当 $\Omega_0 = g/4$ 时，腔的耗散系数 κ 对保真度 F 的影响。当 $\kappa \leqslant 0.6g$ 时，可以以 0.97 的保真度制得三体 GHZ 态。也就是说，即使使用了耗散较大的"坏"腔，也能以较高的保真度实现此方案。

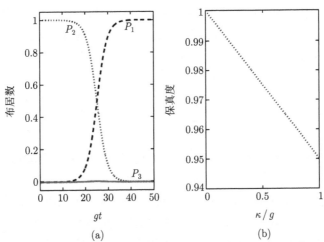

图 2.4 (a) 布居数的时间演化曲线：P_1 表示态 $|\varphi_1\rangle$ 或 $|\varphi_1'\rangle$ 的布居 (点线)；P_2 表示态 $|\varphi_7\rangle$ 或 $|\varphi_7'\rangle$ 的布居 (虚线)；P_3 表示态 $(|\varphi_3\rangle - |\varphi_5\rangle)/\sqrt{2}$ 或 $(|\varphi_3'\rangle - |\varphi_5'\rangle)/\sqrt{2}$ 的布居 (实线)。(b) 所制备三体 GHZ 态的保真度随着腔的耗散系数 κ 变化的曲线

总之，考虑了三个原子分别与通过光纤连接的两个腔耦合组成的系统。提出了两种制备三原子共享 GHZ 态的方案。当原子–腔耦合系数与腔–光纤耦合系数

满足一定条件时，就可以通过控制相互作用时间制备三原子共享 GHZ 态，这是一个确定性方案。利用条件哈密顿量的方法，研究了退相干过程包括原子的自发辐射及腔和光纤的光子损耗对所制备纠缠态保真度的影响。结果表明，当原子的自发辐射率、腔与光纤的损耗系数均较小时，在腔–光纤弱耦合情况下也可以以较高的保真度制备三原子共享 GHZ 态。此外，基于此系统，在经典驱动光的辅助下，可以通过绝热通道制备三原子共享 GHZ 态。在整个过程中，由于原子始终处于基态而光纤始终处于真空态，因此可以有效地抑制原子自发辐射和光纤衰减对保真度的影响。即使使用耗散比较大的"坏"腔，也可以以高保真度实现。还详细讨论了这些方案的实验可行性。利用实验上已经取得的进展，相信这些方案均可以在实验上实现。

2.2 基于原子–腔–光纤耦合系统制备三体 Wn 态的方案

鉴于在囚禁于光学腔中单个原子控制 [89] 及近来微加工的腔–光纤系统 [90] 等方面取得的进展，原子与通过光纤连接的腔耦合组成的系统被认为是一种很有前途的制备分布式纠缠的系统。目前为止，基于这个系统已经提出了许多在分离的原子间制备纠缠的方案。根据实现方法的不同，这些方案可分为控制相互作用时间和通过绝热演化两种。基于这两种类型，提出了制备两比特纠缠态 [60-62,91]、两量子垂特 (qutrit) 纠缠态 [63,64]、典型 W 态 [61,62] 和 GHZ 态 [70,71] 的方案。

众所周知，三量子比特系统存在 GHZ 型和 W 型两类纠缠态，它们在随机局部操作和经典通信下不能相互转换 [65]。W 态对于量子比特的丢失具有鲁棒性，因为如果对任意一个量子比特求迹，均有两比特纠缠被保留。然而，典型 W 态不能用于完美的量子隐形传态和超密编码 [66]。最近，Agrawal 和 Pati 证明了 W 态存在一个变形，称为 Wn 态 (n 是一个整数)

$$| \text{Wn} \rangle = \frac{1}{\sqrt{2n+2}} \left(\sqrt{n+1} | 100 \rangle + \sqrt{n} | 010 \rangle + | 001 \rangle \right) \tag{2.19}$$

它可以用于完美的量子隐形传态和超密编码 [69]。在某些情况下，使用 Wn 态作为量子信道比使用 GHZ 态可以保留更多的信息 [92,93]。

本节研究囚禁在腔 A 中的一个原子和囚禁在通过光纤连接的远距离腔 B 中的两个原子组成的原子–腔–光纤耦合系统。基于此系统，提出了两种制备 Wn 态的方案：一种是通过控制相互作用时间实现；另一种是经由绝热通道实现。并且考虑了原子的自发辐射、腔与光纤的损耗等消相干过程对保真度的影响。最后，讨论这两种方案的实验可行性。

2.2.1　通过控制相互作用时间制备三体 Wn 态

首先，介绍原子–腔–光纤耦合系统。如图 2.5(a) 所示，原子 1 被囚禁在腔 A 中，原子 2 和原子 3 被囚禁在腔 B 中，并且两个腔通过光纤连接。所涉及的这三个原子能级结构如图 2.5(b) 所示。旋波近似下，原子–腔–光纤耦合系统的相互作用哈密顿量为 $(\hbar = 1)$ [75-77,94]

$$H_{\mathrm{I}} = g_1 a_1 |e\rangle_1 \langle g| + g_2 a_2 |e\rangle_2 \langle g| + g_3 a_2 |e\rangle_3 \langle g| + \lambda b \left(a_1^{\dagger} + a_2^{\dagger}\right) + \mathrm{h.c.} \qquad (2.20)$$

式中，g_1, g_2, g_3 为原子–腔耦合系数，假设它们是实数；a_1，a_2 和 b 分别是 A 腔、B 腔和光纤模的湮灭算符；λ 为腔–光纤耦合常数，并假设为实数。

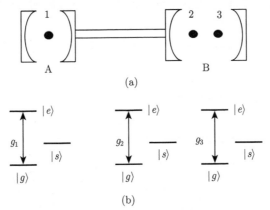

图 2.5　制备三比特共享 Wn 态的装置和原子能级图

(a) 装置图；(b) 涉及的原子能级结构

初始，假设系统处于态

$$|\Psi(0)\rangle = \frac{1}{\sqrt{2}} \left(|s\rangle_1 + |e\rangle_1\right) |g\rangle_2 |g\rangle_3 |00\rangle_{\mathrm{c}} |0\rangle_{\mathrm{f}} \qquad (2.21)$$

式中，$|00\rangle_{\mathrm{c}}$ 和 $|0\rangle_{\mathrm{f}}$ 分别表示腔和光纤处于真空态。在 (2.20) 式所示哈密顿量的支配下，态 $|s\rangle_1 |g\rangle_2 |g\rangle_3 |00\rangle_{\mathrm{c}} |0\rangle_{\mathrm{f}}$ 不随时间演化。原因是这个量子态与哈密顿是解耦的，也就是说 $H_{\mathrm{I}} |s\rangle_1 |g\rangle_2 |g\rangle_3 |00\rangle_{\mathrm{c}} |0\rangle_{\mathrm{f}} = 0$。然而，态 $|e\rangle_1 |g\rangle_2 |g\rangle_3 |00\rangle_{\mathrm{c}} |0\rangle_{\mathrm{f}}$ 演化成了 $\psi(t) = \sum_{i=1}^{6} c_i |\phi_i\rangle$，其中，

$$|\phi_1\rangle = |egg\rangle_{123} |00\rangle_{\mathrm{c}} |0\rangle_{\mathrm{f}}$$

$$|\phi_2\rangle = |ggg\rangle_{123} |10\rangle_{\mathrm{c}} |0\rangle_{\mathrm{f}}$$

$$|\phi_3\rangle = |ggg\rangle_{123}|00\rangle_c|1\rangle_f \tag{2.22}$$

$$|\phi_4\rangle = |ggg\rangle_{123}|01\rangle_c|0\rangle_f$$

$$|\phi_5\rangle = |geg\rangle_{123}|00\rangle_c|0\rangle_f$$

$$|\phi_6\rangle = |gge\rangle_{123}|00\rangle_c|0\rangle_f$$

在此过程中, 系统态的演化遵循薛定谔方程

$$\mathrm{i}\frac{\partial}{\partial t}|\psi(t)\rangle = H_I|\psi(t)\rangle \tag{2.23}$$

其中, H_I 如 (2.20) 式所示。假设 $g_1 = g$, $g_2 = \sqrt{n}g/\sqrt{n+1}$, $g_3 = g/\sqrt{n+1}$ (n 是整数), $r = \lambda/g$。联合 (2.22) 式和 (2.23) 式, 可以得到

$$c_1 = \frac{1}{2\left(1+2r^2\right)}\cos\left(\sqrt{1+2r^2}gt\right) + \frac{1}{2}\cos(gt) + \frac{r^2}{1+2r^2}$$

$$c_2 = \frac{\mathrm{i}}{2\sqrt{1+2r^2}}\sin\left(\sqrt{1+2r^2}gt\right) - \frac{1}{2}\sin(gt)$$

$$c_3 = \frac{r}{1+2r^2}\cos\left(\sqrt{1+2r^2}gt\right) - \frac{r}{1+2r^2} \tag{2.24}$$

$$c_4 = \frac{\mathrm{i}}{2}\sin(gt) - \frac{\mathrm{i}}{2\sqrt{1+2r^2}}\sin\left(\sqrt{1+2r^2}gt\right)$$

$$c_5 = \frac{\sqrt{n}}{\sqrt{n+1}}c$$

$$c_6 = \frac{1}{\sqrt{n+1}}c$$

其中, $c = \left[\cos\left(\sqrt{1+2r^2}gt\right) + 2r^2 - \left(1+2r^2\right)\cos(gt)\right]/[2\left(1+2r^2\right)]$。

由 (2.24) 式, 当 $gt = (2l+1)\pi(l = 0,1,2,3,\cdots)$, $\sqrt{1+2r^2} = 2m(m = 1,2,3,\cdots)$ 时, 可以得到 $c_1 = c_2 = c_3 = c_4 = 0, c_5 = \sqrt{n}/\sqrt{n+1}, c_6 = 1/\sqrt{n+1}$。此时, 系统处于态

$$|\Psi\rangle = \frac{1}{\sqrt{2(1+n)}}\left(\sqrt{n+1}|sgg\rangle_{123} + \sqrt{n}|geg\rangle_{123} + |gge\rangle_{123}\right)|00\rangle_c|0\rangle_f \tag{2.25}$$

相应地, 三个原子处于纠缠态 $\dfrac{1}{\sqrt{2(1+n)}}\left(\sqrt{n+1}|sgg\rangle_{123} + \sqrt{n}|geg\rangle_{123} + |gge\rangle_{123}\right)$, 它与腔场和光纤模式是分离的。通过对原子比特进行非对称编码[78], 即原子 1 编

码在基向量 $|g\rangle_1$ 和 $|s\rangle_1$, 而原子 2 和 3 分别编码在态 $\{|g\rangle_2, |e\rangle_2\}$ 和 $\{g\rangle_3, |e\rangle_3\}$ 组成的子空间, 则三原子所处的态等价于 $\left(\sqrt{n+1}|100\rangle_{123} + \sqrt{n}|010\rangle_{123} + |001\rangle_{123}\right) / \sqrt{2(n+1)}$。也就是说, 理想地制备了三体 Wn 态。

然而, 实际情况下, 以上所述的理想条件并不能完全满足。保真度定义为 $F = |\langle\Psi|\Psi(t)\rangle|^2$, 在图 2.6 中, 对于不同的耦合系数绘制了所制备态的保真度关于 gt 的曲线, 探讨腔–光纤耦合系数的偏差带来的影响。从图 2.6(a) 中可以看出, 保真度关于比率系数 r 与理想条件 $r = \sqrt{1.5} \approx 1.225$ 的偏差是稳定的。由图 2.6(b) 可以看出, 随着 r 的增加, 保真度变得越来越稳定。当 $r \geqslant 10$ 时, 保真度总是大于 0.995。这就意味着当 $\lambda \geqslant 10g$ 时, $\sqrt{1+2r^2} = 2m(m = 1, 2, 3, \cdots)$ 这个条件可以近似忽略。此外, 绘制了图 2.7, 研究原子–腔耦合系数的偏差对保真度的影响。可以看到, 保真度对偏差是稳定的。n 越大, 参数 g_2 偏差的影响越大, 参数 g_3 偏差的影响越小。这是因为在理想态 $|\Psi\rangle$ 中, 随着 n 的增加, 态 $|geg\rangle_{123}|00\rangle_c|0\rangle_f$ 的布居数增加, 而态 $|gge\rangle_{123}|00\rangle_c|0\rangle_f$ 的布居数减少。

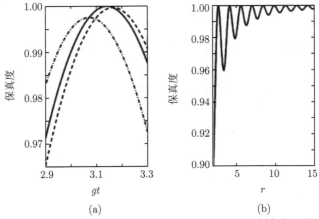

(a)   (b)

图 2.6 $r = 1.2$(虚线), $r = 1.22$(实线) 及 $r = 1.3$(点虚线) 时, 制备的三体 Wn 态的保真度关于 gt 的函数曲线 (a) 和 $gt = \pi$ 时, 所制备三体 Wn 态的保真度关于比率系数 r 的变化曲线 (b)

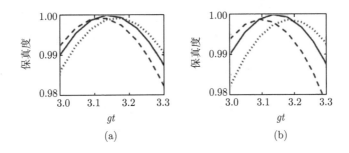

(a)   (b)

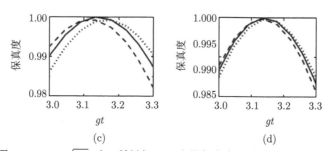

(c)　　　　　　　　　　　　　(d)

图 2.7　$r = \sqrt{1.5}$ 时，所制备 Wn 态的保真度随着 gt 的变化曲线

(a) 和 (b) 分别表示 $n =1$ 和 $n = 10$ 时，g_2 有 -5%(点线)，0(实线) 和 5%(虚线) 的相对变化；(c) 和 (d) 分别表示 $n =1$ 和 $n = 5$ 时，g_3 有 -5%(点线)，0(实线) 和 5%(虚线) 的相对变化

接下来，研究原子的自发辐射、腔与光纤的耗散对保真度的影响。支配整个系统演化的主方程可以写为 [76,79,95]

$$\dot{\rho} = -\mathrm{i}[H, \rho] + \sum_{j=1}^{3} \frac{\Gamma_j}{2} \left(2\sigma_j^- \rho \sigma_j^+ - \sigma_j^+ \sigma_j^- \rho - \rho \sigma_j^+ \sigma_j^- \right)$$

$$+ \sum_{l=1}^{2} \frac{\kappa_l}{2} \left(2a_l \rho a_l^\dagger - a_l^\dagger a_l \rho - \rho a_l^\dagger a_l \right) + \frac{\gamma}{2} \left(2b\rho b^\dagger - b^\dagger b \rho - \rho b^\dagger b \right) \quad (2.26)$$

其中，Γ_j 是原子 j 在 $|e\rangle_j$ 态下的自发辐射率，$\sigma_j^- = |g\rangle_j \langle e|$，$\kappa_l$ 和 γ 分别为腔模和光纤模中光子的衰减率。

为简单起见，假设 $\Gamma_j = \Gamma (j = 1,2,3)$，$\kappa_l = \kappa (l = 1,2)$。通过数值求解微分方程 (2.26)，得到保真度关于 gt 的关系曲线如图 2.8 所示。由图可知，当

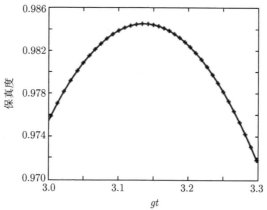

图 2.8　$\Gamma = \kappa = \gamma = 0.01g$，$r = \sqrt{1.5}$，并且 $n =1$(实线) 和 $n = 99$("+" 线)，所制备 Wn 态的保真度关于 gt 的变化曲线

$\Gamma = \kappa = \gamma = 0.01g$，$\lambda = \sqrt{1.5}$ 时，$n = 1$ 的曲线与 $n = 99$ 的曲线吻合，保真度极大值为 0.984。此外，在满足 $\sqrt{1 + 2r^2} = 2m(m = 1, 2, 3, \cdots)$ 的条件下，即使在腔–光纤处于弱耦合状态，也可以以高保真度制备三体 Wn 态。

最后，简要讨论此方案的实验可行性。图 2.5(b) 所示的原子能级结构可以通过选择 Cs 原子合适的能级实现 [78]。基于近来在实现高 Q 腔、原子–腔强耦合方面的实验进展，条件 $\kappa \leqslant 0.01g$ 可以在实验上得到满足 [81-83,96]。至于腔与光纤的强耦合，通过高 Q 硅微球与光纤锥 [84,86] 的耦合来实现 (效率大于 99.9%)。随着光纤–腔耦合和原子–腔强耦合技术的发展，相信基于此处提出的方案可以高保真地制备 Wn 态。

2.2.2 通过绝热通道制备三体 Wn 态

在本节，展示经由绝热通道制备三比特共享 Wn 态的方案。模型设置与 2.2.1 节中介绍的相同。所涉及的原子能级如图 2.9 所示。这里，可以取 Cs 原子来满足能级结构的要求 [71,97]。$|g\rangle_1 \leftrightarrow |e\rangle_1$ 的跃迁以耦合常数 g_1 与腔 A 的模式耦合。$|g\rangle_2 \leftrightarrow |e\rangle_2$ 和 $|g\rangle_3 \leftrightarrow |e\rangle_3$ 跃迁分别以耦合常数 g_2 和 g_3 与腔 B 的两个模式耦合。$|s\rangle_j \leftrightarrow |e\rangle_j (j = 1, 2, 3)$ 的跃迁受拉比频率为 Ω_j 的经典场驱动。相互作用的哈密顿量可以写为 $(\hbar = 1)$

$$H_{\mathrm{II}} = g_1 a_1 |e\rangle_1 \langle g| + \Omega_1 |e\rangle_1 \langle s| + \lambda b \left(a_1^\dagger + a_2^\dagger \right)$$
$$+ \sum_{j=2}^{3} \left(g_j a_j |e\rangle_j \langle g| + \Omega_j |e\rangle_j \langle s| \right) + \text{h.c.} \tag{2.27}$$

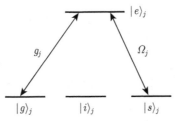

图 2.9 利用绝热通道制备三比特共享 Wn 态时涉及的原子能级图

假设 $\Omega_2 = \Omega_3 = \Omega, g_1 = g, g_2 = \sqrt{n}g/\sqrt{n+1}, g_3 = g/\sqrt{n+1}$，对于系统的初态 $|sgg\rangle_{123}|00\rangle_c|0\rangle_f$，其在以下态矢组成的子空间中演化

$$|\varphi_1\rangle = |sgg\rangle_{123}|00\rangle_c|0\rangle_f$$

$$|\varphi_2\rangle = |egg\rangle_{123}|00\rangle_c|0\rangle_f$$

$$|\varphi_3\rangle = |ggg\rangle_{123}|10\rangle_c|0\rangle_f$$

$$|\varphi_4\rangle = |ggg\rangle_{123}|00\rangle_c|1\rangle_f$$

$$|\varphi_5\rangle = |ggg\rangle_{123}|01\rangle_c|0\rangle_f \tag{2.28}$$

$$|\varphi_6\rangle = |geg\rangle_{123}|00\rangle_c|0\rangle_f$$

$$|\varphi_7\rangle = |gsg\rangle_{123}|00\rangle_c|0\rangle_f$$

$$|\varphi_8\rangle = |gge\rangle_{123}|00\rangle_c|0\rangle_f$$

$$|\varphi_9\rangle = |ggs\rangle_{123}|00\rangle_c|0\rangle_f$$

存在一个暗态

$$|D\rangle = \frac{1}{N}\left[g\Omega|\varphi_1\rangle - \Omega_1\Omega(|\varphi_3\rangle - |\varphi_5\rangle) - \frac{\Omega_1 g}{\sqrt{n+1}}\left(\sqrt{n}|\varphi_7\rangle + |\varphi_9\rangle\right)\right] \tag{2.29}$$

式中，N 为归一化因子。注意到三个原子无一处于激发态，光纤处于真空态，因此可以安全地忽略自发辐射和光纤中光子衰减等消相干过程带来的影响。此外，当条件 $g \gg \Omega_1, \Omega$ 始终满足时，腔模处于激发态的布居数可以忽略。

现在演示如何制备 Wn 态。假定条件 $g \gg \Omega_1, \Omega$ 总是满足的。初始，令 $\Omega \gg \Omega_1$。在此条件下，得到 $|D\rangle \sim |\varphi_1\rangle$。系统的初始态制备为

$$|\Phi(0)\rangle = \frac{1}{\sqrt{2}}\left(|i\rangle_1 + |s\rangle_1\right)|gg\rangle_{23}|00\rangle_c|0\rangle_f \tag{2.30}$$

其中，态 $|igg\rangle_{123}|00\rangle_c|0\rangle_f$ 在哈密顿量 (2.27) 支配下不会演化，因为它与哈密顿量是解耦的。然后慢慢地增加 Ω_1，减少 Ω，直到 $\Omega_1 \gg \Omega$。态 $|\varphi_1\rangle$ 绝热地演化为 $\left(\sqrt{n}|\varphi_7\rangle + |\varphi_9\rangle\right)/\sqrt{n+1}$。系统最终的态可以写为

$$|\Phi\rangle = \frac{1}{\sqrt{2n+1}}\left(\sqrt{n+1}|igg\rangle_{123} + \sqrt{n}|gsg\rangle_{123} + |ggs\rangle_{123}\right)|00\rangle_c|0\rangle_f \tag{2.31}$$

此时，三个原子处于纠缠态 $\left(\sqrt{n+1}|igg\rangle_{123} + \sqrt{n}|gsg\rangle_{123} + |ggs\rangle_{123}\right)/\sqrt{2(n+1)}$，它与腔场和光纤模式分离。对原子采用非对称编码 [78]，即原子 1 编码在基向量态 $|g\rangle_1$ 和 $|i\rangle_1$，而原子 2 和 3 分别编码在 $\{|g\rangle_2, |s\rangle_2\}$ 和 $\{|g\rangle_3, |s\rangle_3\}$ 所组成的子空间。这个态等价于 $\left(\sqrt{n+1}|100\rangle_{123} + \sqrt{n}|010\rangle_{123} + |001\rangle_{123}\right)/\sqrt{2(n+1)}$。

然而，在实际中，可能不总是理想地满足条件 $g \gg \Omega_1, \Omega$。此时腔模可能被激发并衰减到态 $|ggg\rangle_{123}|00\rangle_c|0\rangle_f$。此过程会降低所制备 Wn 态的保真度。作为一个具体的数值例子，假设 $\Omega_1 = \Omega_0 \exp\left[-(t-T)/(2\tau^2)\right]$，$\Omega = \Omega_0 \exp\left[-t^2/(2\tau^2)\right]$，其

中 T 为绝热操作时间，$\Omega_0 = g/4$，$\tau = 40/g^{[57,62,87]}$。当 λ 处于 $g \sim 50g$ 范围内时，最小能隙为 $\Delta E_{\min} \approx 0.1g$。对于这种情况，设定 $g = 1\mathrm{GHz}$，绝热过程操作时间约为 $T \geqslant 10/(0.1g) = 100\mathrm{ns}^{[88]}$。如图 2.10(a) 所示，态 $\left(\sqrt{n}\,|\varphi_7\rangle + |\varphi_9\rangle\right)/\sqrt{n+1}$ 的布居数最终趋于 1。也就是说，可以实现 Wn 态的可靠制备。$|\varphi_1\rangle$ 演化为态 $(|\varphi_3\rangle - |\varphi_5\rangle)/\sqrt{2}$ 的概率为

$$\varepsilon = \kappa \int_0^T \frac{2\left(\Omega_1\Omega\right)^2}{\left(g\Omega_1\right)^2 + 2\left(\Omega_1\Omega\right)^2 + \left(g\Omega\right)^2}\,\mathrm{d}t \qquad (2.32)$$

式中，κ 为腔的衰减率。原子的最终态近似表示为

$$\rho = \left|\psi^{'}\right\rangle_{123}\left\langle\psi^{'}\right| + \frac{\varepsilon}{2}\left|ggg\right\rangle_{123}\left\langle ggg\right| \qquad (2.33)$$

式中，$\left|\psi^{'}\right\rangle = \left[\sqrt{n+1}\,|igg\rangle_{123} + \sqrt{1-\varepsilon}\left(\sqrt{n}\,|gsg\rangle_{123} + |ggs\rangle_{123}\right)\right]/\sqrt{2(n+1)}$。图 2.10(b) 展示了腔的衰减率对保真度的影响。可以看出，当 $\kappa < 0.1g$ 时，保真度将大于 0.95。

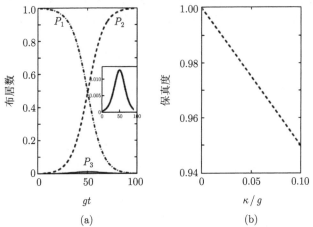

图 2.10　(a) 布居数的演化：P_1 表示态 $|\varphi_1\rangle$ 的布居 (点虚线)，P_2 表示态 $\left(\sqrt{n}\,|\varphi_7\rangle + |\varphi_9\rangle\right)/\sqrt{n+1}$ 的布居 (虚线)，P_3 表示态 $(|\varphi_3\rangle - |\varphi_5\rangle)/\sqrt{2}$ 的布居 (实线)，插图中对 P_3 进行了放大。(b) 所制备三体 Wn 态的保真度随腔的衰减率 κ 变化的曲线

　　总之，基于三个原子囚禁在通过光纤连接的两个腔中组成的系统，提出了两种制备三体 Wn 态的方案。对于第一种方案，只要原子–腔耦合系数与腔–光纤耦合系数的比值满足一定的条件，就可以在适当的时间确定性地制备 Wn 态。通过对主方程的数值求解，发现即使考虑原子自发辐射以及腔和光纤的光子泄漏，也可以高保真地制备三比特共享 Wn 态。对于第二种方案，在经典驱动光的辅助下，

经由绝热通道可以制备三比特共享 Wn 态。在整个过程中，由于所有原子始终处于基态，光纤模始终处于真空态，可以有效地抑制原子自发辐射和光纤的光子衰减对保真度的影响。当 $\kappa < 0.1g$ 时，可以以高保真度制备 Wn 态。还讨论了这些方案的实验可行性。相信以实验上取得的进展，这些方案均可以实现。

2.3　本章小结

　　本章考虑了三个原子分别与光纤连接的两个腔耦合组成的系统。提出了两种制备三体 GHZ 态及 Wn 态的方案。只要原子–腔耦合系数与腔–光纤耦合系数的比值满足一定条件，就可以通过控制相互作用时间确定性地制备三体 GHZ 态及 Wn 态。利用条件哈密顿量的方法或通过对主方程的数值求解，发现即使考虑原子的自发辐射以及腔与光纤的光子衰减，也可以高保真地制备三量子比特 GHZ 态及 Wn 态。基于此类系统，在经典驱动光的辅助下，亦可以经由绝热通道制备三体 GHZ 态及 Wn 态。在整个过程中，由于所有原子始终处于基态，光纤模始终处于真空态，可以有效地抑制原子自发辐射和光纤的光子衰减对保真度的影响。即使使用耗散比较大的 "坏" 腔，也可以以高保真度实现。还详细讨论了这些方案的实验可行性。基于已经取得的进展，相信这些方案均可以在实验上实现。

第 3 章　非马尔可夫环境诱导纠缠的研究

量子纠缠是量子力学与经典力学具有显著差异的核心原因之一，其在量子信息和量子计算中至关重要 [31]。由于实际的量子系统会不可避免地与它所处的环境发生相互作用，因此在对实验实际情况进行描述时，关于开放量子系统的动力学研究引起了人们的极大兴趣 [95]。一般地，系统与环境的相互作用会导致退相干 [98] 和纠缠衰减甚至突然死亡 (entanglement sudden death，ESD)[99-102]，这极大阻碍了纠缠的广泛应用。然而，最近的研究发现，环境不只是破坏纠缠，还会在开放量子系统中诱发纠缠 [103-106]。这给在开放系统中制备纠缠打开了新的领域，提供了新的思路。本章主要研究利用非马尔可夫 (non-Markov) 环境诱导两体及三体纠缠并探讨这些纠缠在量子信息处理过程中的应用 [107,108]。

3.1　非马尔可夫环境诱导两体纠缠的方案

众所周知，开放量子系统的动力学取决于与系统耦合的环境类型 [109]。马尔可夫环境的特征关联时间远小于所研究系统的弛豫时间，表现出无记忆的特性。然而，在很多物理场景，如光子带隙材料 [110,111]、高 Q 腔系统 [112]、固态系统 [113] 和自旋系统 [114,115]，非马尔可夫环境更为常见，其中环境的特征关联时间可以和量子系统本身的弛豫时间相比拟或比其大得多。非马尔可夫环境的典型特征是，由于显著的记忆效应，它能将部分信息反馈到系统中。因此，非马尔可夫环境下的纠缠动力学研究也越来越受到关注 [116-120]。

参考文献 [103-106] 的作者研究表明，如果无相互作用的两个量子比特与同一个处于热平衡的库相互作用，马尔可夫环境能诱导两量子比特间的纠缠。然而，诱导产生的纠缠在与热库的相互作用下，会在很短的时间内产生并很快消失。另一方面，产生的纠缠值很小，这极大限制了它的应用，因为大部分量子信息任务都取决于量子纠缠的大小，例如量子隐形传态 [6]、量子密集编码 [121]、量子密码 [49] 等。幸运的是，非马尔可夫环境的记忆效应被证实能有效地延长纠缠的使用时间 [117-119]。因此，很自然地希望了解记忆效应对非马尔可夫环境诱导纠缠的作用。

本节考虑两个无相互作用的二能级系统与同一个非马尔可夫库非共振耦合的情形。结果显示，对于最初包含一个激发的可分离两量子比特态，非马尔可夫库诱导的纠缠远大于马尔可夫库诱导的纠缠。随着量子比特与库的中心频率之间失谐的增加，诱导纠缠的最大值亦增加。通过选择适当的参数，能以较高保真度制备两比特最大纠缠态。即使考虑两量子比特与库的非对称耦合，大部分情况下仍然能产生较高的纠缠。此外，在非马尔可夫机制下，讨论了两量子比特间的量子态传输。值得注意的是，与马尔可夫环境中的量子态只能对某些特定输入态有效地传输不同，在非马尔可夫情况下，任意编码在量子比特 1 上的量子态均可以被高保真度地传输到量子比特 2 上。

3.1.1　物理模型

考虑两个无相互作用的量子比特共同耦合一个零温玻色库的情况。量子比特和库的哈密顿可以表示为 $(\hbar = 1)$

$$H = H_0 + H_{\text{int}} \tag{3.1}$$

$$H_0 = \frac{1}{2}\omega_0 \left(\sigma_z^1 + \sigma_z^2\right) + \sum_k \omega_k a_k^\dagger a_k \tag{3.2}$$

$$H_{\text{int}} = \left(\alpha_1 \sigma_+^1 + \alpha_2 \sigma_+^2\right) \sum_k g_k a_k + \text{h.c.} \tag{3.3}$$

式中，ω_0 是二能级系统的跃迁频率；σ_z^j, σ_+^j 和 σ_-^j $(j=1,2)$ 分别是第 j 个量子比特的反演、上升和下降算符；$a_k^\dagger$ 和 a_k 分别是库的第 k 个频率为 ω_k 模式的产生和湮灭算符；g_k 是二能级系统与库的耦合系数。第 j 个量子比特和库之间的相互作用强度通过无量纲的常数 α_j 表征。

假设整个系统初始处于

$$|\psi(0)\rangle = |1\rangle_1 |0\rangle_2 |0\rangle_R \tag{3.4}$$

式中，$|1\rangle_1$ 和 $|0\rangle_2$ 分别表示量子比特 1 处于激发态，量子比特 2 处于基态，而库处于真空态 $|0\rangle_R$。由 (3.1) 式所示的哈密顿可知，量子态将演化为

$$|\psi(t)\rangle = (c_1(t)|1\rangle_1|0\rangle_1 + c_2(t)|0\rangle_1|1\rangle_1)\,|0\rangle_R + \sum_k c_k(t)|0\rangle_1|0\rangle_2|1_k\rangle_R \tag{3.5}$$

态 $|1_k\rangle_R$ 表示只在热库的第 k 个模式中存在一个激发子。

下面讨论不完美腔中的电磁场分布具有洛伦兹形式的情况

$$J(\omega) = \frac{1}{2\pi} \frac{\gamma_0 \lambda^2}{(\omega_0 - \omega - \Delta)^2 + \lambda^2} \tag{3.6}$$

式中，Δ 表征跃迁频率 ω_0 和腔中心频率的失谐；参数 γ_0 是马尔可夫库的衰减系数；λ 定义了谱宽度，其与热库的关联时间有关，$\tau_R = \lambda^{-1}$。一般情况下有两种机制 [122]：弱耦合机制 $(\gamma_0 < \lambda/2)$，系统的行为是马尔可夫的，并伴随着不可逆

的衰减发生；强耦合机制 ($\gamma_0 > \lambda/2$)，显现非马尔可夫动力学并伴随着振荡的衰减。在这里，主要关注非马尔可夫情形并且将其结果与马尔可夫情形作对比。

(3.5) 式中的系数可以通过求解薛定谔方程得到

$$c_1(t) = r_2^2 + r_1^2 \varepsilon(t)$$

$$c_2(t) = r_1 r_2 [\varepsilon(t) - 1] \tag{3.7}$$

其中，$r_1 = \alpha_1/\alpha_{\mathrm{T}}$，$r_2 = \alpha_2/\alpha_{\mathrm{T}}$，$\alpha_{\mathrm{T}} = \sqrt{\alpha_1^2 + \alpha_2^2}$，$\varepsilon(t) = \mathrm{e}^{-\frac{(\lambda - \mathrm{i}\Delta)t}{2}} \left[\cosh\left(\frac{\Omega t}{2}\right) + \frac{\lambda - \mathrm{i}\Delta}{\Omega} \sinh\left(\frac{\Omega t}{2}\right) \right]$，且 $\Omega = \sqrt{(\lambda - \mathrm{i}\Delta)^2 - 2\gamma_0 \lambda \alpha_{\mathrm{T}}^2}$。在基矢 $\{|1\rangle_1 |1\rangle_2, |1\rangle_1 |0\rangle_2, |0\rangle_1 |1\rangle_2, |0\rangle_1 |0\rangle_2\}$ 下，两量子比特的密度矩阵可以写为

$$\rho(t) = \begin{pmatrix} 0 & 0 & 0 & 0 \\ 0 & |c_1(t)|^2 & c_1(t)c_2^*(t) & 0 \\ 0 & c_1^*(t)c_2(t) & |c_2(t)|^2 & 0 \\ 0 & 0 & 0 & 1 - |c_1(t)|^2 - |c_2(t)|^2 \end{pmatrix} \tag{3.8}$$

3.1.2 非马尔可夫环境诱导的高度纠缠

为了研究环境诱导的纠缠，采用共生纠缠 (concurrence)[123] 来量度两量子比特间产生的纠缠。共生纠缠度的定义为

$$C_\rho(t) = \max\left\{ 0, \sqrt{\lambda_1} - \sqrt{\lambda_2} - \sqrt{\lambda_3} - \sqrt{\lambda_4} \right\} \tag{3.9}$$

式中，$\lambda_i (i = 1, 2, 3, 4)$ 是矩阵 $\tilde{\rho} = \rho (\sigma_y \otimes \sigma_y) \rho^* (\sigma_y \otimes \sigma_y)$ 按照降序排列的本征值，σ_y 是泡利旋转矩阵，"*" 代表其复共轭。共生纠缠度介于可分离态对应的 0 与最大纠缠态对应的 1 之间。对于 (3.8) 式所示的态，共生纠缠度为

$$C(t) = 2 |c_1(t)c_2^*(t)| \tag{3.10}$$

图 3.1 展示了失谐 Δ 取不同值时，环境诱导的共生纠缠 $C(t)$ 关于无量纲时间 $\gamma_0 t$ 的函数变化曲线。在此，对应于非马尔可夫情形取 $\lambda = 0.1\gamma_0$，而马尔可夫情形取 $\lambda = 10\gamma_0$。有趣的是，马尔可夫环境诱导的纠缠远小于非马尔可夫环境诱导的纠缠。即使考虑到失谐的影响，马尔可夫环境诱导的纠缠也不足以处理量子信息任务。例如，保真度小于 2/3 的量子隐形传态通常被认为是失败的。然而，与马尔可夫的情况不同，在非马尔可夫情况下，环境诱导的纠缠会随着信息在量子比特和非马尔可夫库之间来回流动而恢复并接近一个固定值。特别地，当 $\Delta \neq 0$ 时，所诱

导纠缠的最大值随失谐的增加而增加。其物理原因在于，非马尔可夫环境的记忆效应和失谐有效地抑制了一些不可逆过程，如自发辐射[118-120]。根据参考文献 [124]提出的模型，如果在适当的时间分别施加两个经典驱动场到量子比特，可以期望纠缠能被保留比较长的时间，进而可以应用在实际量子信息处理任务中。

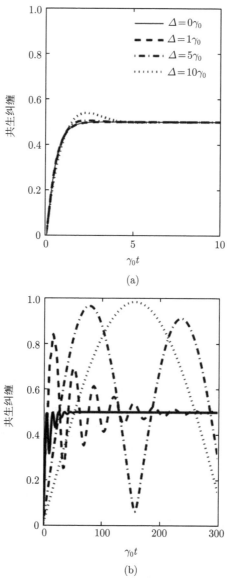

图 3.1　对应于不同失谐，$\alpha_1 = \alpha_2 = 1$ 时，环境诱导的共生纠缠关于无量纲量时间 $\gamma_0 t$ 的函数曲线

(a) 在马尔可夫环境 $\lambda = 10\gamma_0$；(b) 在非马尔可夫环境 $\lambda = 0.1\gamma_0$

在以上的讨论中，假设两个量子比特与共同库等强度耦合。然而，实验上等强度耦合是很难实现的，考虑到量子比特在环境中的相对位置，非对称耦合才是常态。图 3.2 展示了对于相对耦合强度 r_1 可以得到的最大共生纠缠度。当 $r_1 = 0$ 和 $r_1 = 1$ 时，不能诱导纠缠，因为两者都描绘了两个量子比特中的一个没有与库耦合的情况。当 $r_1 = 1/\sqrt{2}$ 时，两量子比特等强度地与库耦合，马尔可夫环境和非马尔可夫环境中诱导的纠缠最大值分别为 0.5 和 0.98。有趣的是，由图 3.2 可以发现，纠缠最大值并不对应于等强度耦合的情况，而是出现在 $r_1 = 1/2$ 的非对称耦合情况。原因在于，即使这两个量子比特在哈密顿量中是对称的，但在纠缠产生的过程中，它们还是扮演不同的角色，因为初态 $|1\rangle_1|0\rangle_2$ 的选择与最佳相对耦合强度 r_1 直接相关。从信息流的角度来看，量子比特 1 初始处于激发态且承担了信源的作用，量子比特 2 可作为信宿看待，对于初态为 $|0\rangle_1|1\rangle_2$ 的情况反之亦然。考虑到耗散的问题，发现等强度耦合并不能让量子比特 1 和 2 获得最大纠缠。例如，对于初始的分离态 $|1\rangle_1|0\rangle_2$ 和 $|0\rangle_1|1\rangle_2$，容易证明它们的稳定共生纠缠度 (即 $t \to \infty$) $C_s = 2r_1\left(1-r_1^2\right)^{3/2}$ 和 $C_s = 2r_1^3\sqrt{1-r_1^2}$ 取得最大值时，对应于 $r_1 = 1/2$ 和 $r_1 = \sqrt{3}/2$ ($r_2 = 1/2$) 处，而不是 $r_1 = 1/\sqrt{2}$ 处。另一方面非马尔可夫环境在 $r_1 \in (0.3, 0.9)$ 时均能够诱导高度的纠缠。这优于马尔可夫情况，并且也大大降低了所需的实验条件。

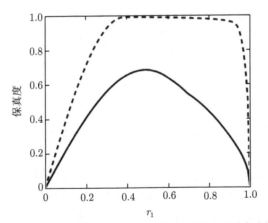

图 3.2 $\Delta = 10\gamma_0$，在非马尔可夫机制 $\lambda = 0.1\gamma_0$(虚线) 和马尔可夫机制 $\lambda = 10\gamma_0$(实线) 下，诱导纠缠的最大值关于相对耦合强度 r_1 的函数曲线

由以上分析可得，当失谐不为零时，非马尔可夫环境可以诱导高度纠缠。了解纠缠的特征有助于其应用。当 $\Delta = 10\gamma_0$ 且 $\alpha_1 = \alpha_2 = 1$ 时，发现在非马尔可夫环境下可以以较高的保真度 (大于 0.99) 制备最大纠缠态 $(|1\rangle_1|0\rangle_2 - \mathrm{i}|0\rangle_1|1\rangle_2)/\sqrt{2}$。

经过单量子比特操作，这个态可被转化为广泛应用在量子信息和量子计算中的贝尔态。

3.1.3 高保真度量子态传输

在量子信息处理中，量子态从 A 地传输到另一 B 地是一个重要的课题，根据目前的技术，这个任务可以用多种方式完成，例如光学晶格 [125]、离子阱 [126]、自旋链 [127]、量子点列阵 [128]。这些系统的本质是稳定耦合的系统可以被用来传输量子信息。接下来，论证开放量子系统中非马尔可夫环境下高保真地传输量子态是可行的。初始，假设第一个量子比特处于态 $\alpha|0\rangle_1 + \beta|1\rangle_1$(不失一般性，假设 α 为实数，且 $\alpha^2 + |\beta|^2 = 1$)，第二个量子比特处于态 $|0\rangle_2$，库处于真空态 $|0\rangle_R$。量子态传输的目标是完成以下过程

$$(\alpha|0\rangle_1 + \beta|1\rangle_1)\,|0\rangle_2 \to |0\rangle_1\,(\alpha|0\rangle_2 + \beta|1\rangle_2) \tag{3.11}$$

由 (3.1) 式所示的哈密顿量，可得初态将会演化为

$$|\psi(t)\rangle = \alpha\,|\,00\rangle_{12}\,|\,0\rangle_R + \beta[c_1(t)|\,10\rangle_{12}\,|\,0\rangle_R + c_2(t)|\,01\rangle_{12}\,|\,0\rangle_R$$

$$+ \sum_k c_k(t)|\,00\rangle_{12}\,|\,1_k\rangle_R] \tag{3.12}$$

量子态传输的目标态为 $|\varphi\rangle = |0\rangle_1\,(\alpha|0\rangle_2 + \beta|1\rangle_2)\,|0\rangle_R$，基于此模型，增加一个 σ_z 操作在量子比特 2 上，即可获得目标态。量子传输的保真度为

$$F = |\langle\varphi\,|\,\sigma_z^{(2)}\,|\,\psi(t)\rangle|^2 = \left|\alpha^2 - |\beta|^2\,c_2(t)\right|^2 \tag{3.13}$$

在这一部分令 $r_1 = r_2 = 1/\sqrt{2}$。

图 3.3 给出了马尔可夫和非马尔可夫情形下保真度关于时间 $\gamma_0 t$ 和 α^2 的函数曲线。可以注意到，在马尔可夫机制下，只有当 $\alpha^2 \to 1$ 才能有效地实现可靠的量子态传输。否则，保真度会非常低而量子态传输失败。与马尔可夫情形下的结果相比，在非马尔可夫情形下任意编码在量子比特 1 的态都能以高保真度传输到量子比特 2 上。通过控制相互作用时间，对于任意的 α^2 均能以足够高的保真度 (大于 0.96) 实现量子态传输，这意味着在非马尔可夫环境下保真度对于 α^2 的降低是不敏感的。

总之，考虑了两个二能级系统与一个零温非马尔可夫库耦合组成的系统。研究结果表明，当量子比特与非马尔可夫库非共振耦合时，能够诱导量子比特之间产生高度的纠缠，纠缠度的最大值远高于马尔可夫情况。特别地，即使考虑两量子比特与库的非对称耦合，很多情况下仍然能产生高度的纠缠。此外，发现基于

此模型可以实现高保真度的量子态传输。与保真度依赖于输入态的马尔可夫情形相比，在非马尔可夫情形下，保真度更高且对输入态具有鲁棒性。在非马尔可夫情形下，可以适当增加失谐量以获得高纠缠度并提高量子态传输的保真度。

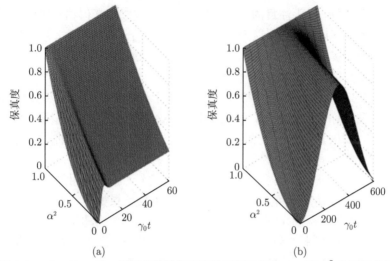

图 3.3 $\Delta = 10\gamma_0$ 时，量子态传输保真度关于无量纲量 $\gamma_0 t$ 和 α^2 的函数曲线

(a) 马尔可夫环境 $\lambda = 10\gamma_0$；(b) 非马尔可夫环境 $\lambda = 0.1\gamma_0$

所研究模型作为量子光学的基本模型，与当前实验条件密切相关。例如，在腔量子电动力学实验中，原子或离子与高品质光学腔之间的强耦合已经实现，其量子态完全可以被控制[87,129]。此处关于环境，特别是非马尔可夫环境诱导纠缠的工作，对开放量子系统中制备纠缠并利用它实现某些量子信息任务具有重要意义。

3.2 非马尔可夫环境诱导三体纠缠的方案

量子纠缠被视为量子信息处理[31]，如量子隐形传态[6]、量子密码学[130]、量子计量[131,132]、量子密集编码[133]等任务中不可缺少的部分。因此，关于量子纠缠的研究吸引了广泛的关注。鉴于纠缠在理论和应用方面的重要意义，人们投入了大量的精力在实验中[134]制备纠缠态，特别是可以满足基本扩展性的多体纠缠态。不幸的是，在实际量子系统中，其与环境的相互作用导致纠缠是脆弱的。在马尔可夫耗散中，尽管在单量子比特上相干性呈指数衰减，但是在有限时间内，两个量子比特之间的纠缠有可能完全消失[99]。这种现象被称为"纠缠突然死亡"，其在实验中已得到了证实[101,135]。多量子比特纠缠的情况会变得更糟，因为多个量子比特的退相干可以共同作用，产生一种称为"超退相干"的效应[136]。在最近的一个实验中,作者证实了 N 量子比特 GHZ 态的退相干速度是单个量子比特的 N^2 倍 [137]。

在过去的很长一段时间里,许多研究者认为环境对纠缠的产生和保护总是起着消极的作用。然而,Braun 提出的一个开创性的想法表明,环境可以在制备纠缠中发挥重要作用 [103]。引人注目的是,即使子系统之间没有任何相互作用,一个共同的耗散环境也能够诱导纠缠。这为制备量子纠缠开启了新的视角,并为将耗散转化为一种纠缠资源提供了新的思路 [104-106,138,141]。文献 [98,142-145] 展示了一些对这些方法的有趣扩展,它们突破了玻恩–马尔可夫 (Born-Markov) 近似的约束。

文献 [98,142-145] 的研究表明,当初始处于分离态的两个量子比特共同与一个处于热平衡的库相互作用时,可以通过非马尔可夫耗散获得高度的两量子比特纠缠。然而,在大多数量子信息处理任务中,两体纠缠是不够的。因此,在不断增加的量子比特之间制备纠缠是量子系统发展的典型方向。

在本节,证明非共振耦合到一个共同库的三个无相互作用的二能级原子,经由非马尔可夫耗散动力学可以相互纠缠起来。主要结果如下,对于初始包含一个激发的可分态,由非马尔可夫库诱导的两体或三体纠缠比马尔可夫库诱导的纠缠大得多。原子与库的中心频率之间的失谐以及原子与库之间的相对耦合强度决定了纠缠的最大值。

3.2.1　物理模型

首先,假设三个二能级原子与一个共同结构库耦合,经历一个被耗散调节的退相干过程。耗散效应可以表示为系统与零温度下的库耦合。例如,一个二能级原子与周围电磁场的真空模相互作用引起的自发辐射。在旋转波近似下,复合系统的哈密顿量可以写成 ($\hbar = 1$)

$$H = \sum_{i=1}^{3} \omega_i \sigma_i^+ \sigma_i^- + \sum_k \omega_k a_k^\dagger a_k + \sum_{i=1}^{3} \sum_k \alpha_i \left(\sigma_i^+ g_k a_k + \sigma_i^- g_k^* a_k^\dagger \right) \quad (3.14)$$

其中,$\sigma_i^\pm$ 和 $\omega_i(i=1,2,3)$ 分别为第 i 个二能级原子的反转算子和跃迁频率。简单起见,假设这三个原子是相同的 (即 $\omega_1 = \omega_2 = \omega_3 = \omega_0$)。$\omega_k$ 是库的第 k 个模的频率,$a_k^\dagger (a_k)$ 是库的第 k 个模的产生 (湮灭) 算符。g_k 是原子与库的第 k 个模的耦合系数。引入无量纲参数 α_i 来描述第 i 个二能级原子与库相互作用的强度。特别地,假设这三个常数是独立的,可以通过改变腔场驻波中原子的相对位置来改变耦合强度。

感兴趣的是,初始原子系统中存在一个激发态且环境处于真空态时的复合系统动力学。假设初始态为

$$|\psi(0)\rangle = |e\rangle_1 |g\rangle_2 |g\rangle_3 |0_k\rangle_{\text{R}} \quad (3.15)$$

式中，$|0_k\rangle_{\mathrm{R}}$ 表示库中的所有模式均没有被激发的量子态；$|e\rangle$ 和 $|g\rangle$ 分别表示二能级原子的激发态和基态。整个系统的态随时间演化为

$$|\psi(t)\rangle = [a(t)|e\rangle_1|g\rangle_2|g\rangle_3 + b(t)|g\rangle_1|e\rangle_2|g\rangle_3 + c(t)|g\rangle_1|g\rangle_2|e\rangle_3]|0_k\rangle_{\mathrm{R}}$$

$$+ \sum_k D_k(t)|g\rangle_1|g\rangle_2|g\rangle_3|1_k\rangle_{\mathrm{R}} \tag{3.16}$$

式中，$|1_k\rangle_{\mathrm{R}}$ 表示库的第 k 个模式中有一个激发。在相互作用绘景中，将 (3.16) 式代入薛定谔方程，概率幅值方程为

$$\mathrm{i}\dot{a}(t) = \alpha_1 \sum_k g_k D_k(t) \exp\left[-\mathrm{i}\left(\omega_k - \omega_0\right)t\right] \tag{3.17}$$

$$\mathrm{i}\dot{b}(t) = \alpha_2 \sum_k g_k D_k(t) \exp\left[-\mathrm{i}\left(\omega_k - \omega_0\right)t\right] \tag{3.18}$$

$$\mathrm{i}\dot{c}(t) = \alpha_3 \sum_k g_k D_k(t) \exp\left[-\mathrm{i}\left(\omega_k - \omega_0\right)t\right] \tag{3.19}$$

$$\mathrm{i}\dot{D}_k(t) = [\alpha_1 a(t) + \alpha_2 b(t) + \alpha_3 c(t)]\, g_k^* \exp\left[\mathrm{i}\left(\omega_k - \omega_0\right)t\right] \tag{3.20}$$

对 (3.20) 式积分并将其解代入 (3.17)~(3.19) 式，得到幅值 $a(t)$，$b(t)$ 和 $c(t)$ 的三个微积分方程

$$\mathrm{i}\dot{a}(t) = \alpha_1 \int_0^t \mathrm{d}t_1 f\left(t - t_1\right)\left[\alpha_1 a\left(t_1\right) + \alpha_2 b\left(t_1\right) + \alpha_3 c\left(t_1\right)\right] \tag{3.21}$$

$$\mathrm{i}\dot{b}(t) = \alpha_2 \int_0^t \mathrm{d}t_1 f\left(t - t_1\right)\left[\alpha_1 a\left(t_1\right) + \alpha_2 b\left(t_1\right) + \alpha_3 c\left(t_1\right)\right] \tag{3.22}$$

$$\mathrm{i}\dot{c}(t) = \alpha_3 \int_0^t \mathrm{d}t_1 f\left(t - t_1\right)\left[\alpha_1 a\left(t_1\right) + \alpha_2 b\left(t_1\right) + \alpha_3 c\left(t_1\right)\right] \tag{3.23}$$

其中，积分内核 $f\left(t - t_1\right)$ 由库的某一两点关联函数给出

$$f\left(t - t_1\right) = \sum_k |g_k|^2\, \mathrm{e}^{-\mathrm{i}(\omega_k - \omega_0)(t - t_1)} \tag{3.24}$$

在库模的连续极限下 $\sum_k |g_k|^2 \longrightarrow \int J(\omega)\mathrm{d}\omega$，其中 $J(\omega)$ 是谱密度函数，表征库的频率分布。假设原子非共振地与具有洛伦兹谱密度的库耦合

$$J(\omega) = \frac{1}{2\pi} \frac{\gamma_0 \lambda^2}{\left(\omega_0 - \Delta - \omega\right)^2 + \lambda^2} \tag{3.25}$$

其中，ω_0 表示二能级原子的跃迁频率，Δ 表示 ω_0 和库中心频率的失谐。参数 λ 定义了库的谱宽度，其与库关联时间有关，$\tau_R = \lambda^{-1}$。另一方面，参数 γ_0 与马尔可夫极限下的量子比特弛豫时间有关 [95]。在非马尔可夫机制下，即库关联时间大于量子态弛豫时间，$\gamma_0 > \lambda/2$，而在马尔可夫机制下，$\gamma_0 < \lambda/2$。

根据 (3.25) 式，库关联函数可以写成

$$f(t - t_1) = \frac{1}{2}\gamma_0\lambda e^{-(\lambda - i\Delta)(t - t_1)} \tag{3.26}$$

代入 (3.21)∼(3.23) 式可以得到精确解

$$a(t) = 1 - r_1^2[1 - \varepsilon(t)] \tag{3.27}$$

$$b(t) = -r_1 r_2[1 - \varepsilon(t)] \tag{3.28}$$

$$c(t) = -r_1 r_3[1 - \varepsilon(t)] \tag{3.29}$$

其中，

$$r_1 = \frac{\alpha_1}{\alpha_T}, \quad r_2 = \frac{\alpha_2}{\alpha_T}, \quad r_3 = \frac{\alpha_3}{\alpha_T},$$

$$\varepsilon(t) = e^{-(\lambda - i\Delta)t/2}\left[\cosh\left(\frac{\Omega t}{2}\right) + \frac{\lambda - i\Delta}{\Omega}\sinh\left(\frac{\Omega t}{2}\right)\right] \tag{3.30}$$

$$\Omega = \sqrt{(\lambda - i\Delta)^2 - 2\gamma_0\lambda\alpha_T^2}$$

式中，$\alpha_T = \sqrt{\alpha_1^2 + \alpha_2^2 + \alpha_3^2}$ 为整体耦合常数，参数 $r_i = \alpha_i/\alpha_T(i = 1, 2, 3)$ 为相对相互作用强度。

由于只涉及一个激发，整个系统态随时间的演化局限于由基矢 $\{|e\rangle_1|g\rangle_2|g\rangle_3|0_k\rangle_R$，$|g\rangle_1|e\rangle_2|g\rangle_3|0_k\rangle_R$，$|g\rangle_1|g\rangle_2|e\rangle_3|0_k\rangle_R$，$|g\rangle_1|g\rangle_2|g\rangle_3|1_k\rangle_R\}$ 组成的子空间。通过对库的自由度求迹，可以得到量子比特系统的约化密度矩阵

$$\rho(t)_{123} = \begin{pmatrix} |a(t)|^2 & a(t)b(t)^* & a(t)c(t)^* & 0 \\ a(t)^*b(t) & |b(t)|^2 & b(t)c(t)^* & 0 \\ a(t)^*c(t) & b(t)^*c(t) & |c(t)|^2 & 0 \\ 0 & 0 & 0 & |d(t)|^2 \end{pmatrix} \tag{3.31}$$

其中，$|d(t)|^2 = \sum_k |D_k(t)|^2 = 1 - |a(t)|^2 - |b(t)|^2 - |c(t)|^2$。

3.2.2 环境诱导纠缠

在本节中，用解析和数值求解的方法，研究初始处于可分态的三体系统由环境诱导的纠缠。两原子和三原子间纠缠的产生，准确地说确实是集体 (亚辐射) 行为。特别是，当二能级原子跃迁频率与环境库中心频率存在失谐时，在非马尔可夫环境中可以得到高度的二体或三体纠缠。

1. 纠缠量度

虽然对两体量子系统的纠缠已经有了深入的研究和丰富的认识，但是多体量子系统的情况目前还存在许多困难。为大家所熟悉的，有两种量度纯正的三体纠缠的方法：三–纠缠 (three-tangle)[146] 和 π-纠缠 (π-tangle)[147]。它们分别是共生纠缠 [123] 和负度 (negtivity)[148] 的扩展。与三–纠缠相比，混合态的 π-纠缠的计算过程明显简单，因为它不需要凸证明推广 (the convex-proof extension)。此处采用 π-纠缠来量化三体纠缠。

π-纠缠的定义为

$$\pi = \frac{\pi_1 + \pi_2 + \pi_3}{2} \tag{3.32}$$

其中，

$$\begin{aligned}
\pi_1 &= \mathcal{N}_{1(23)}^2 - \mathcal{N}_{12}^2 - \mathcal{N}_{13}^2 \\
\pi_2 &= \mathcal{N}_{2(13)}^2 - \mathcal{N}_{21}^2 - \mathcal{N}_{23}^2 \\
\pi_3 &= \mathcal{N}_{3(12)}^2 - \mathcal{N}_{31}^2 - \mathcal{N}_{32}^2
\end{aligned} \tag{3.33}$$

式中，$\mathcal{N}_{i(jk)}$ 和 $\mathcal{N}_{ij}$ 分别为单–(二) 纠缠 (单个比特与另外两个比特的纠缠) 和两体纠缠，定义 $\mathcal{N}_{i(jk)} = \left\| \rho_{ijk}^{\mathrm{T}_i} \right\| - 1$ 和 $\mathcal{N}_{ij} = \left\| (\mathrm{Tr}_k\, \rho_{ijk})^{\mathrm{T}_i} \right\| - 1$。这里 T_i 为第 i 个量子比特的部分转置；$\|A\|$ 为算子 A 的迹范数，其定义为 $\|A\| = \mathrm{Tr}\sqrt{AA^\dagger}$。GHZ 类态 π-纠缠的变化范围为 0~1，W 类态 π-纠缠的变化范围为 $0 \sim 4(\sqrt{5}-1)/9 \approx 0.55$。

2. 两体纠缠

首先考虑由环境诱导的两体纠缠。在三体系统中，两体纠缠可分为两类：两比特间纠缠 $\mathcal{N}_{ij}$ 和单–(二) 纠缠 $\mathcal{N}_{i(jk)}$。两体纠缠可以通过它们的定义直接计算，其表达式为

$$\mathcal{N}_{12} = |a(t)|^2 + |b(t)|^2 - 1 + \sqrt{\left(1 - |a(t)|^2 - |b(t)|^2\right)^2 + 4|a(t)|^2|b(t)|^2} \tag{3.34}$$

$$\mathcal{N}_{23} = |b(t)|^2 + |c(t)|^2 - 1 + \sqrt{\left(1 - |b(t)|^2 - |c(t)|^2\right)^2 + 4|b(t)|^2|c(t)|^2} \tag{3.35}$$

$$\mathcal{N}_{13} = |a(t)|^2 + |c(t)|^2 - 1 + \sqrt{\left(1 - |a(t)|^2 - |c(t)|^2\right)^2 + 4|a(t)|^2|c(t)|^2} \tag{3.36}$$

如预期的那样，如果三个原子均与环境耦合，两体纠缠的稳定值是非零的。这个稳定值与相对耦合强度直接相关。

　　讨论三个量子比特与真空库等强度耦合的情况，即 $r_1 = r_2 = r_3 = 1/\sqrt{3}$。图 3.4 展示了三个量子比特初始处于分离态，由无记忆环境和有记忆环境诱导的二体纠缠的 $\mathcal{N}_{12}$ 随着 $\gamma_0 t$ 的变化曲线。如图 3.4(a) 所示，在马尔可夫情况下，与谐振情况相比，增加失谐两体纠缠 $\mathcal{N}_{12}$ 没有明显变化。然而，非马尔可夫情况下则发生了重大改变。非马尔可夫耗散诱导的纠缠随着量子比特与非马尔可夫库之间的信息交换而恢复到稳定值，如图 3.4(b) 所示。特别是考虑失谐时，诱导纠缠的最大值随着失谐的增大而增大。失谐和非马尔可夫效应的结合使得从原子流向库的信息减少，更多的信息在原子之间交换[149,150]。因此，当量子比特初始处于分离态时，与谐振耦合情况相比，失谐的存在短时间内增强了纠缠的产生。

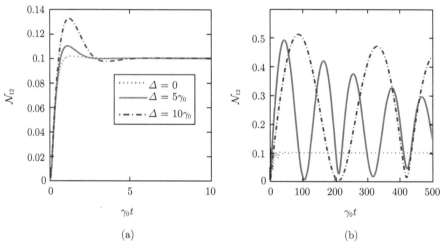

(a)　　　　　　　　　　　　　　　　　　(b)

图 3.4　初始处于 $|e\rangle_1|g\rangle_2|g\rangle_3$ 的三原子系统，环境诱导的两体纠缠 $\mathcal{N}_{12}$ 关于 $\gamma_0 t$ 的函数曲线

(a) 马尔可夫区域 $\lambda = 10\gamma_0$；(b) 非马尔可夫区域 $\lambda = 0.1\gamma_0$。其他参数为 $r_1 = r_2 = r_3 = 1/\sqrt{3}$

　　上述是基于三个原子与腔等强度耦合的假设讨论的，这是对微波腔中原子的一个理想化的近似。然而，在光学腔中，原子与腔的耦合通常不是等强度的，非对称耦合更为普遍。在图 3.5 中，绘制了基于不等的相对耦合参数 ($r_1 = 1/\sqrt{2}, r_2 = 3/5, r_3 = \sqrt{7/50}$) 的情况下，所有两体纠缠关于时间的函数曲线。发现在马尔可夫情形下，不等式 $\mathcal{N}_{12} > \mathcal{N}_{13} > \mathcal{N}_{23}$ 在任何时刻都是满足的，而在非马尔可夫状态下，这种简单关系并不成立，因为 $\mathcal{N}_{12}$ 和 $\mathcal{N}_{23}$ 的恢复是不同步的。此外，$\mathcal{N}_{23}$ 的最大值大于 $\mathcal{N}_{12}$ 的最大值。内在物理原因可归结为马尔可夫和非马尔可夫库情

形下振幅 $\varepsilon(t)$ 的差异。与马尔可夫状态下 $\varepsilon(t)$ 从 1 到 0 呈指数衰减的情况不同，$\varepsilon(t)$ 在非马尔可夫状态下在 $(1, -1)$ 区域呈阻尼振荡。根据 (3.27)~(3.29) 式和 (3.34)~(3.36) 式，很容易得出在一些短的时间段内 $\mathcal{N}_{23}$ 大于 $\mathcal{N}_{12}$。特别是 $\mathcal{N}_{23}$ 的最大值可以超过 0.8。这意味着，可以通过注入一个处于激发态的原子 1 来获得原子 2 和原子 3 之间的高度纠缠态，期望其在完成某些量子信息处理任务中有用。

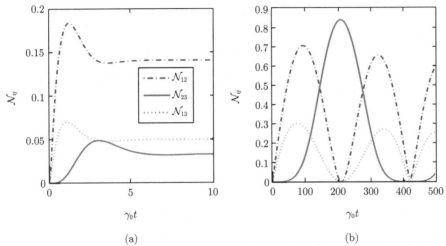

(a) (b)

图 3.5 初态为 $|e\rangle_1|g\rangle_2|g\rangle_3$ 的三原子系统中，环境诱导的两体纠缠 $\mathcal{N}_{ij}$ 随着 $\gamma_0 t$ 变化的函数曲线

(a) 马尔可夫区域 $\lambda = 10\gamma_0$；(b) 非马尔可夫区域 $\lambda = 0.1\gamma_0$。其他参数为 $r_1 = 1/\sqrt{2}$，$r_2 = 3/5$，$r_3 = \sqrt{7/50}$ 和 $\Delta = 10\gamma_0$

接下来，讨论单–(二) 纠缠，它的表达式是

$$\mathcal{N}_{1(23)} = \sqrt{|d(t)|^4 + 4|a(t)|^2|b(t)|^2 + 4|a(t)|^2|c(t)|^2} - |d(t)|^2 \tag{3.37}$$

$$\mathcal{N}_{2(13)} = \sqrt{|d(t)|^4 + 4|b(t)|^2|c(t)|^2 + 4|a(t)|^2|b(t)|^2} - |d(t)|^2 \tag{3.38}$$

$$\mathcal{N}_{3(12)} = \sqrt{|d(t)|^4 + 4|b(t)|^2|c(t)|^2 + 4|a(t)|^2|c(t)|^2} - |d(t)|^2 \tag{3.39}$$

单–(二) 纠缠 $\mathcal{N}_{i(jk)}$ 量化了子系统 i 与 j、k 组成的系统之间的纠缠。图 3.6 绘制了对应于不同的失谐，单–(二) 纠缠 $\mathcal{N}_{1(23)}$ 关于 $\gamma_0 t$ 的函数曲线。正如所料，共同的环境可以诱导单–(二) 纠缠 $\mathcal{N}_{i(jk)}$。与二体纠缠类似，非马尔可夫环境诱导的单–(二) 纠缠比马尔可夫情形的大得多。单–(二) 纠缠 $\mathcal{N}_{i(jk)}$ 的最大值也随着失谐量的增加而增加。对于非对称耦合的情况 ($r_1 = 1/\sqrt{2}, r_2 = 3/5, r_3 = \sqrt{7/50}$)，注

意到任意时刻在马尔可夫情形下也存在一个简单不等式 $\mathcal{N}_{1(23)} > \mathcal{N}_{2(13)} > \mathcal{N}_{3(12)}$，但该不等式在非马尔可夫情形下失效了，如图 3.7 所示。然而，很容易证明所有的单–(二) 纠缠和两体纠缠仍然满足 CKW(Coffman-Kundu-Wooters) 单调不等式 $\mathcal{N}_{i(jk)}^2 \geqslant \mathcal{N}_{ij}^2 + \mathcal{N}_{ik}^2$，如图 3.8 所示。

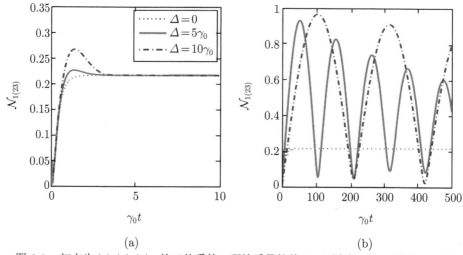

(a)   (b)

图 3.6　初态为 $|e\rangle_1|g\rangle_2|g\rangle_3$ 的三体系统，环境诱导的单–(二) 纠缠 $\mathcal{N}_{1(23)}$ 关于 $\gamma_0 t$ 的
函数曲线

(a) 马尔可夫区域 $\lambda = 10\gamma_0$；(b) 非马尔可夫区域 $\lambda = 0.1\gamma_0$。其他参数为 $r_1 = r_2 = r_3 = 1/\sqrt{3}$

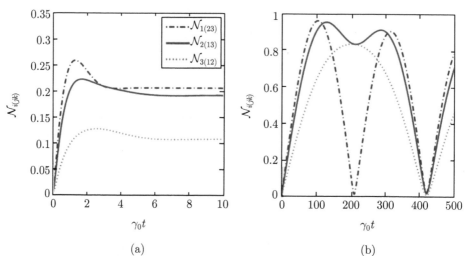

(a)   (b)

图 3.7　初态为 $|e\rangle_1|g\rangle_2|g\rangle_3$ 的三体系统，环境诱导的单-(二) 纠缠 $\mathcal{N}_{i(jk)}$ 关于 $\gamma_0 t$ 的函数曲线

(a) 马尔可夫区域 $\lambda = 10\gamma_0$；(b) 非马尔可夫区域 $\lambda = 0.1\gamma_0$。其他参数为 $r_1 = 1/\sqrt{2}$, $r_2 = 3/5$,
$r_3 = \sqrt{7/50}$ 并且 $\Delta = 10\gamma_0$

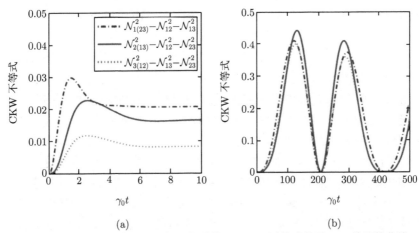

图 3.8 初态为 $|e\rangle_1|g\rangle_2|g\rangle_3$ 的三体系统，CKW 不等式关于 $\gamma_0 t$ 的函数曲线

(a) 马尔可夫区域 $\lambda = 10\gamma_0$；(b) 非马尔可夫区域 $\lambda = 0.1\gamma_0$。其他参数为 $r_1 = 1/\sqrt{2}$, $r_2 = 3/5$,

$$r_3 = \sqrt{7/50} \text{ 并且 } \Delta = 10\gamma_0$$

3. 三体纠缠

此部分集中讨论环境诱导的三体纠缠。根据 (3.32) 式所示的定义，可以解析地算出 (3.31) 式所示的 $\rho(t)_{123}$ 的三体间 π-纠缠。

三体纠缠的结果类似于两体纠缠，如图 3.9 所示。当 $r_1 = r_2 = r_3 = 1/\sqrt{3}$ 时，三个量子比特与库等强度耦合，注意到由马尔可夫环境诱导的最大三体纠缠

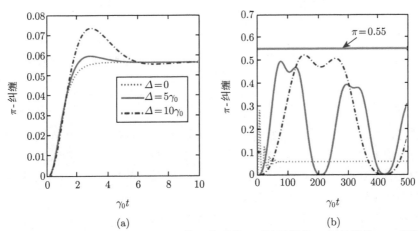

图 3.9 初始处于初态为 $|e\rangle_1|g\rangle_2|g\rangle_3$ 的三体系统，环境诱导的 π-纠缠随着 $\gamma_0 t$ 变化的函数曲线

(a) 马尔可夫区域 $\lambda = 10\gamma_0$；(b) 非马尔可夫区域 $\lambda = 0.1\gamma_0$。其他参数为 $r_1 = r_2 = r_3 = 1/\sqrt{3}$

远小于非马尔可夫环境诱导的。在马尔可夫区域，由环境诱导的三体纠缠很小，而在非马尔可夫区域，通过调节失谐可以达到 0.52。值得注意的是，当三体系统初始处于 $|e\rangle_1|g\rangle_2|g\rangle_3$ 时，制备的纠缠态明显接近 W 型纠缠态，其最大值仅为 $4(\sqrt{5}-1)/9 \approx 0.55$。

图 3.10 给出了可达到的最大三体 $\pi_{\max}$ 纠缠与相对耦合强度 r_1 和 r_2 的函数曲线。当 $r_1^2 + r_2^2 = 1$ 时，由于第三个量子比特与库完全解耦 ($r_3 = 0$)，因此不产生三体纠缠。有趣的是，从图 3.10 中发现，最大三体纠缠不是出现在等强度耦合位置，而是出现在 $r_1 = 1/2$ 处的耦合不对称位置。这是因为，尽管这三个量子比特在哈密顿量中是对称的，但它们在产生纠缠的过程中起着不同的作用，因为选择的初态为 $|e\rangle_1|g\rangle_2|g\rangle_3$，其与最佳相对耦合强度 r_1 直接相关。从信息流的角度来看，量子比特 1 最初处于激发态，充当发送者的角色，而量子比特 2 和 3 则是接收者。考虑到耗散，三个量子比特的等强度耦合不能达到最大纠缠。

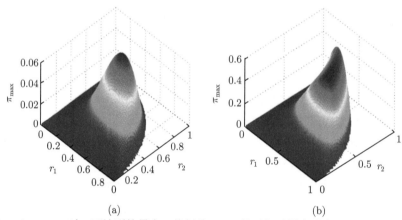

(a)　　　　　　　　　　　　　　　(b)

图 3.10　$\Delta = 10\gamma_0$ 时，可达到的最大三体纠缠 $\pi_{\max}$ 关于相对耦合强度 r_1 和 r_2 的函数曲线
(扫二维码见彩图)

(a) 马尔可夫区 $\lambda = 10\gamma_0$；(b) 非马尔可夫区 $\lambda = 0.1\gamma_0$

总之，考虑了三个量子比特与一个共同零温库 (马尔可夫或非马尔可夫) 非共振耦合组成的系统，对环境诱导纠缠进行了详细分析。给出了超越玻恩–马尔可夫近似的三量子比特动力学的一般解析解。在洛伦兹谱的情况下，得到了约化密度矩阵和纠缠 (两体和三体) 的显式表达式。

如果三个量子比特最初是分离态，与共同库的相互作用则会产生纠缠。研究结果表明，非马尔可夫耗散可以诱导高度纠缠 (包括两体和三体)，尤其是当量子比特与洛伦兹谱中心频率失谐时。即使考虑到量子比特和库之间的非对称耦合，在大多数情况下仍然可以产生高度的纠缠 (两体和三体)。

所研究模型作为量子光学的一个基本模型，与当前的实验技术水平紧密相关。例如，在腔 QED 实验[53]中，被捕获的原子或离子与高品质光学腔之间的强耦合已经可以实现[87,129]。此外，可以根据驻波模式的强度分布精确地操纵单个原子或离子相对位置，从而能够改变每个粒子与量子化电磁场之间的耦合强度[151]。本节的结果为在开放量子系统中制备三体纠缠提供了一种可能的方法，并可望将其应用于实现一些量子信息任务。

3.3 本 章 小 结

综上所述，本章考虑了两个以及三个量子比特与一个共同的零温库耦合组成的系统，基于此系统对环境诱导纠缠进行了详细分析。给出了超越玻恩–马尔可夫近似的两个及三个量子比特动力学的一般解析解。在洛伦兹谱的情况下，得到了约化密度矩阵和纠缠的显式表达式。结果表明，与马尔可夫耗散情形下共同库诱导产生纠缠相比，非马尔可夫耗散可以诱导更高程度的纠缠，尤其是当量子比特与洛伦兹谱中心频率失谐时，非马尔可夫耗散诱导纠缠的优势更明显。即使考虑到量子比特和库之间的非对称耦合，在大多数情况下仍然可以产生高度的纠缠。基于此模型亦可以实现高保真度的量子态传输。与保真度高度依赖于输入态的马尔可夫情形相比，在非马尔可夫情形下，保真度更高且对输入态具有更强的鲁棒性。此外，在非马尔可夫情形下，还可以适当增加量子比特与共同库中心频率间的失谐以获得高纠缠度并提高量子态传输的保真度。

本章的结果为在开放量子系统中制备纠缠提供了一种可能的方法，并可望将其应用于实现一些量子信息任务。对开放量子系统中制备纠缠并利用它实现某些量子信息任务具有重要意义。

第 4 章　开放系统下量子关联的保护

　　量子信息科学是一个新兴的领域,有可能在涉及计算、通信、精密测量和基础量子理论等科学及工程领域带来革命性的进步[31]。在过去的几十年里,纠缠被认为是量子隐形传态[6]、量子密码学[130]、量子计量学[131]和量子密集编码[133]等量子任务中最重要的资源。然而,量子信息处理所依赖的最本质资源尚未完全被阐述清楚。对于某些计算任务,例如在一个量子比特的确定性量子计算 (DQC1)[22,152,153],量子计算的加速源于量子失协,而不是量子纠缠。量子失协是对量子关联的更一般度量[18,19,154]。不幸的是,由于不可避免地与环境存在相互作用,系统的量子关联是脆弱的[99-101,155]。因此,如何保护量子关联不受退相干影响成为量子信息处理中研究的重要课题。本章主要研究利用弱测量及其反转技术保护振幅阻尼噪声下量子比特间[156]和量子垂特间的量子关联[157]。

4.1　利用弱测量反转保护振幅阻尼噪声下的量子关联

　　弱测量是冯·诺依曼测量的推广,并与正定算子值测量有关。对于弱测量[158,159],从量子系统中提取信息时不会让被测系统的状态随机坍塌到本征态。因此,可以通过一些操作将量子系统恢复到初始状态。最近,有人指出弱测量可以保护单量子比特系统的量子态免于退相干[38,42,160],并将其推广到保护两量子比特系统的纠缠[161,162]。到目前为止,已经在超导相位量子比特[163]和光量子比特[41,162]上通过实验证明了弱测量的概率反转。

　　本节,利用弱测量反转保持局域振幅阻尼噪声下两量子比特系统的量子关联(纠缠和量子失协)。此处保护量子关联免于退相干的方案是基于量子弱测量可以逆转的事实。结果表明,即使在振幅阻尼噪声强度 $p \to 1$ 时,通过弱测量反转也能部分地保持量子关联。最后,基于纯光学系统详细讨论了所提出方案的实验可行性。

4.1.1　利用弱测量反转保护振幅阻尼噪声下量子关联的方案

　　为了讨论问题的方便,首先简单介绍一下本节涉及的一些基本概念及理论,包括量子失协、振幅阻尼噪声、弱测量、弱测量反转等。

1. 量子失协

　　用量子互信息 $I(\rho_{\mathrm{AB}})$ 来度量两体量子系统 A 和 B 的总关联 (量子关联和经典关联之和)

$$I\left(\rho_{\mathrm{AB}}\right)=S\left(\rho_{\mathrm{A}}\right)+S\left(\rho_{\mathrm{B}}\right)-S\left(\rho_{\mathrm{AB}}\right) \tag{4.1}$$

其中，$S(\rho)=-\mathrm{Tr}\rho\left(\log_2\rho\right)$ 为冯·诺依曼熵。

众所周知，对于相互关联的系统 A 和 B，在系统 B 上执行测量会影响系统 A。系统 B 上的测量对系统 A 的改变程度取决于在 B 上执行的测量类型。这里，考虑的测量是一组完备的正交投影算子 $\{\Pi_k=|B_k\rangle\langle B_k|,k=1,2\}$，其中，$|B_1\rangle=\cos\theta|0\rangle+\mathrm{e}^{\mathrm{i}\phi}\sin\theta|1\rangle$，$|B_2\rangle=\mathrm{e}^{-\mathrm{i}\phi}\sin\theta|0\rangle-\cos\theta|1\rangle$。

经典关联 $C\left(\rho_{\mathrm{AB}}\right)$ 的定义为

$$C\left(\rho_{\mathrm{AB}}\right)=S\left(\rho_{\mathrm{A}}\right)-\min_{\{\Pi_k\}}S\left(\rho_{\mathrm{AB}}|\{\Pi_k\}\right) \tag{4.2}$$

其中，最小值需取遍投影测量集合 $\{\Pi_k\}$，$S\left(\rho_{\mathrm{AB}}|\{\Pi_k\}\right)=\sum_k p_kS\left(\rho_k\right)$ 是已知 B 的状态下 A 的条件熵，$\rho_k=\dfrac{\mathrm{Tr}_{\mathrm{B}}[(1\otimes\Pi_k)\,\rho_{\mathrm{AB}}\,(1\otimes\Pi_k)]}{p_k}$，$p_k=\mathrm{Tr}_{\mathrm{AB}}[(1\otimes\Pi_k)\,\rho_{\mathrm{AB}}\,(1\otimes\Pi_k)]$。

量子失协被定义为 [18,19]

$$D\left(\rho_{\mathrm{AB}}\right)=I\left(\rho_{\mathrm{AB}}\right)-C\left(\rho_{\mathrm{AB}}\right) \tag{4.3}$$

2. 振幅阻尼噪声

振幅阻尼噪声是描述量子比特与其环境间耗散相互作用的一个典型模型。例如，在玻恩–马尔可夫近似下，振幅阻尼噪声模型可以用来描述两能级系统在零（或非常低）温度下光子或声子模环境中的自发辐射。如果环境是真空态，振幅阻尼噪声对应的映射为 [31]

$$|0\rangle_{\mathrm{S}}|0\rangle_{\mathrm{E}}\to|0\rangle_{\mathrm{S}}|0\rangle_{\mathrm{E}}$$

$$|1\rangle_{\mathrm{S}}|0\rangle_{\mathrm{F}}\to\sqrt{1-p}|1\rangle_{\mathrm{S}}|0\rangle_{\mathrm{F}}+\sqrt{p}|0\rangle_{\mathrm{S}}|1\rangle_{\mathrm{E}} \tag{4.4}$$

其中，$p\in[0,1]$ 是系统的激发子丢失到环境中的概率。

3. 弱测量

本节所考虑的零结果弱测量是最初在文献 [158,159] 中讨论的弱或部分坍缩测量。它与振幅阻尼不同，从某种意义上说，相当于添加了一个理想的检测器来监视环境，其功能如下：如果环境中有激励，探测器发出咔嗒声，对应的概率为 p，如果环境中没有激励，探测器不发出咔嗒声，对应的概率为 $1-p$；丢弃探测器有激励的结果，即从映射中移除 $\sqrt{p}|0\rangle_{\mathrm{S}}|1\rangle_{\mathrm{E}}$ 项。得到的映射为

$$|0\rangle_{\mathrm{S}}|0\rangle_{\mathrm{E}}\to|0\rangle_{\mathrm{S}}|0\rangle_{\mathrm{E}}$$

$$|1\rangle_{\mathrm{S}}|0\rangle_{\mathrm{E}}\to\sqrt{1-p}|1\rangle_{\mathrm{S}}|0\rangle_{\mathrm{E}} \tag{4.5}$$

其中，在第二行公式中，映射后状态的范数小于 1，所以对应的弱测量不是一种确定性的操作，而是一种概率性操作。由于通常关注的是系统的状态，因此对环境求迹。系统演化对应的映射为 [161]

$$|i\rangle_S \rightarrow (1-p)^{i/2}|i\rangle_S, \quad i = 0, 1 \tag{4.6}$$

4. 弱测量反转

弱测量反转过程可以通过以下操作来构造 [41,160-162]：一个比特翻转操作，一个弱测量，再一个比特翻转操作。对于任意的单量子比特态 $\sum_{i,j}\rho_{ij}|i\rangle\langle j|$，经过弱测量反转后，密度矩阵演化为

$$\sum_{i,j} \rho_{ij}|i\rangle\langle j|$$
$$\rightarrow \sum_{i,j} \rho_{ij}|1-i\rangle\langle 1-j|$$
$$\rightarrow \sum_{i,j} (1-p)^{\frac{2-i-j}{2}} \rho_{ij}|1-i\rangle\langle 1-j|$$
$$\rightarrow \sum_{i,j} (1-p)^{\frac{2-i-j}{2}} \rho_{ij}|i\rangle\langle j| \tag{4.7}$$

其中，三个箭头分别对应比特翻转、弱测量和比特翻转。反转的成功概率始终小于 1，其取决于部分坍缩强度 p。

在混合态中量子关联被削弱，因此混合态量子关联的表现非常微妙 [164,165]。但是，仍然可以将其用作量子信息处理的资源。接下来，聚焦于一类重要的二体混合态——Werner 态 [164]，研究其量子关联在局域振幅阻尼噪声和相应的弱测量操作下的不同行为。

$$\rho^\phi(0) = r|\phi\rangle\langle\phi| + \frac{1-r}{4}I_4 \tag{4.8}$$

其中，$|\phi\rangle = (|01\rangle + |10\rangle)/\sqrt{2}$，$r$ 表示初始状态的纯度。注意到，当 $0 < r \leqslant 1/3$ 时，它是一个没有纠缠的可分离状态，但仍包含一些量子关联；当 $r = 1$ 时，它约化为众所周知的两体最大纠缠态。

对于两个独立地遭受振幅阻尼噪声的纠缠量子比特，每个量子比特都经历由 (4.4) 式定义的动力学。如果系统初始处于 (4.8) 式所示的态，且两个环境均处于

真空态，则对环境求迹可以得到系统的约化密度矩阵：

$$\rho^{\phi}=\begin{pmatrix} a & 0 & 0 & 0 \\ 0 & b & z & 0 \\ 0 & z & b & 0 \\ 0 & 0 & 0 & d \end{pmatrix} \tag{4.9}$$

其中，$a = (1-r)(1-p)^2/4$，$b = [(1-r)p(1-p)+(1+r)(1-p)]/4$，$d = [(1-r)(p^2+1)+2(1+r)p]/4$，$z = r(1-p)/2$。

通过 (3.9) 式可以得到态 ρ^{ϕ} 的共生纠缠度

$$E^{\phi}= \max\left[0,(1-p)\left(r-\sqrt{\frac{(1-r)^2}{4}(p^2+1)+\frac{1-r^2}{2}p}\right)\right] \tag{4.10}$$

由于 (4.9) 式所示的约化密度矩阵具有 X 型结构，相干项为实数，并且 $\rho_{22}=\rho_{33}$。采用文献 [20] 中提出的方法，可以很容易地得到 (4.9) 式所示态的量子失协的解析表达式。ρ^{ϕ} 的量子失协为

$$D^{\phi}= \min\left(D_1,D_2\right) \tag{4.11}$$

其中，

$$D_1 = S\left(\rho_{\mathrm{A}}^{\phi}\right)-S\left(\rho^{\phi}\right)-a\log_2\left(\frac{a}{a+b}\right)-b\log_2\left(\frac{b}{a+b}\right)-d\log_2\left(\frac{d}{b+d}\right)$$

$$-b\log_2\left(\frac{b}{b+d}\right)$$

$$D_2 = S\left(\rho_{\mathrm{A}}^{\phi}\right)-S\left(\rho^{\phi}\right)-\Delta_1\log_2\left(\Delta_1\right)-\Delta_2\log_2\left(\Delta_2\right)$$

式中，$S\left(\rho^{\phi}\right)$、$S\left(\rho_{\mathrm{A}}^{\phi}\right)$ 是冯·诺依曼熵，$\Delta_1 = (1+\Gamma)/2$，$\Delta_2 = (1-\Gamma)/2$，$\Gamma^2 = p^2+r^2(1-p)^2$。

为了恢复纠缠，采用了弱测量反转操作。对于两量子比特态，过程类似于 (4.7) 式：对于每个量子比特，首先进行比特翻转以交换状态 $|0\rangle_{\mathrm{S}}\to|1\rangle_{\mathrm{S}}$，然后以同样的 p 进行一次零结果弱测量，最后再进行一次比特翻转。约化密度矩阵演变为

$$\sum_{ijkl}\rho_{ijkl}|ij\rangle\langle k,l|$$

$$\to\sum_{ijkl}\rho_{ijkl}|1-i,1-j\rangle\langle 1-k,1-l|$$

$$\rightarrow \sum_{ijkl}(1-p)^{\frac{4-i-j-k-l}{2}}\rho_{ijkl}|1-i,1-j\rangle\langle 1-k,1-l|$$

$$\rightarrow \sum_{ijkl}(1-p)^{\frac{4-i-j-k-l}{2}}\rho_{ijkl}|ij\rangle\langle kl| \tag{4.12}$$

反转后的最终简化密度矩阵 ρ_r^ϕ 仍具有 (4.9) 式所示的 X 结构形式，其矩阵元为
$a'=\dfrac{1-r}{4N}$, $b'=\dfrac{[p(1-r)+(1+r)]}{4N}$, $d'=\dfrac{[2p(1+r)+(p^2+1)(1-r)]}{4N}$, $z'=r/(2N)$，其中
$N=1+p+(1-r)p^2/4$。

ρ_r^ϕ 的共生纠缠度为

$$E_r^\phi= \max\left[0,\frac{1}{N}\left(r-\sqrt{\frac{(1-r)^2}{4}(p^2+1)+\frac{1-r^2}{2}p}\right)\right] \tag{4.13}$$

ρ_r^ϕ 的量子失协为

$$D_r^\phi= \min(D_1{'},D_2{'}) \tag{4.14}$$

式中，

$$D_1'=S\left(\rho_{Ar}^\phi\right)-S\left(\rho_r^\phi\right)-a'\log_2\left(\frac{a'}{a'+b'}\right)-b'\log_2\left(\frac{b'}{a'+b'}\right)$$

$$-d'\log_2\left(\frac{d'}{b'+d'}\right)-b'\log_2\left(\frac{b'}{b'+d'}\right)$$

$$D_2'=S\left(\rho_{Ar}^\phi\right)-S\left(\rho_r^\phi\right)-\Delta_1'\log_2\left(\Delta_1'\right)-\Delta_2'\log_2\left(\Delta_2'\right)$$

$$\Delta_1'=(1+\Gamma')/2,\quad \Delta_2'=(1-\Gamma')/2$$

其中，$\Gamma'^2=\left\{\left[(1-r)p^2/4+(1+r)p/2\right]^2+r^2\right\}/N^2$。下标 "Ar" 是指弱测量反转后子系统 A 的约化密度矩阵。

图 4.1 分别展示了在振幅阻尼噪声及噪声后施加弱测量反转的情况下，Werner 态的共生纠缠度 E^ϕ 和 E_r^ϕ 的行为。当只涉及振幅阻尼噪声时，量子纠缠随着退相干强度 p 的增加而衰减，在 $1/3 \leqslant r \leqslant 2/3$ 区域内，量子纠缠会在量子比特系统激发衰减完之前就消失。当施加弱测量反转操作时，注意到，在 $1/3 \leqslant r \leqslant 2/3$ 区域内纠缠仍然出现了突然死亡。这个结果是很直接的，因为所有的操作都是局域的，在可分离态下，两个独立的量子比特间不可能产生纠缠。

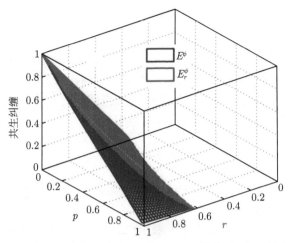

图 4.1　共生纠缠 E^ϕ 和 E_r^ϕ 关于 p 和 r 的函数曲线 (扫二维码见彩图)

　　然而在其他有纠缠存在的区域，在极限 $p \to 1$ 时纯振幅阻尼噪声的共生纠缠会衰减消失，而反转操作后的共生纠缠接近于一个有限值。另一方面，反转操作后的共生纠缠总是高于纯振幅阻尼噪声的情况。但是，恢复纠缠是以牺牲成功概率为代价的，恢复纠缠越大成功概率越小。这与只讨论了双量子比特纯态的文献 [161] 中的结果一致。在这里，证实了即使初始是混合态，仍然可以通过弱测量反转的方法恢复纠缠。

　　然后，研究量子失协在同一过程中的行为。在图 4.2 中，显示了在纯振幅阻

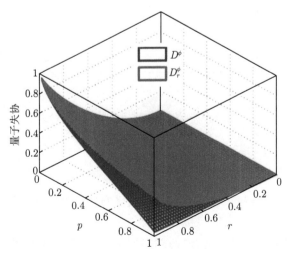

图 4.2　量子失协 D^ϕ 和 D_r^ϕ 关于 p 和 r 的函数曲线 (扫二维码见彩图)

尼噪声下，量子失协以指数衰减并逐渐消失，这比纠缠更为鲁棒，因为纠缠通常会突然死亡。在弱测量反转的辅助下，量子失协不会指数衰减到零，而是在噪声强度 $p \to 1$ 的极限下保持为一个有限的值。我们认为，该分析可以扩展到研究具有不同初始纠缠态的量子关联的情况，定性地，其行为将与以上所述的相似。

由于弱测量反转是非幺正操作，这些方案自然地具有小于 1 的成功概率。可以得到两量子比特弱测量反转过程的成功概率

$$P_r = \left[1 + p + (1-r)p^2/4\right](1-p)^2 \tag{4.15}$$

结果表明，成功的概率不仅依赖于两量子比特弱测量反转过程中零结果的概率，而且还依赖于初始态的参数。

如图 4.3 所示，成功概率 P_r 随着弱测量强度 p(本节中，p 也是振幅阻尼噪声强度) 的增大而减小。这意味着：量子关联不是指数衰减到零，而是在噪声强度 $p \to 1$ 的极限下趋近于一个有限值的结果，是以较低的成功恢复概率为代价的。另一方面，纯度 r 越大，成功概率 P_r 越低。

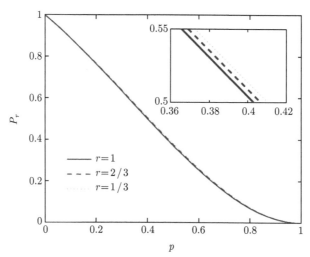

图 4.3　成功概率 P_r 关于弱测量强度 p 的函数曲线

内插图是某一段曲线的放大

4.1.2　实验实现及结论

在本节，讨论一些与实验实现有关的关键问题。这里局限于纯光学系统，因为这是实验上实现我们方案的最可能途径。

初始状态的准备。人们可能会问如何制备 (4.8) 式所示的纠缠态。在实验中，Werner 态可以通过光子的自发参量下转换和控制退相干来制备 [166,167]。

振幅阻尼通道。(4.4) 式所示的振幅阻尼退相干映射可以用带有附加分束器 (BS) 的 Sagnac 型干涉仪 (SI) 实现，分束器实现了对环境比特的求迹 [41,162]。环境量子比特用单光子态的路径量子比特编码（即 $|a\rangle_E \equiv |0\rangle_E$，$|b\rangle_E \equiv |1\rangle_E$），系统量子比特采用单光子偏振编码（即 $|H\rangle \equiv |0\rangle_S$，$|V\rangle \equiv |1\rangle_S$）。对于单光子态 $|V\rangle$ 通过 $|a\rangle$ 模式进入 Sagnac 型干涉仪，输出状态为 $|V\rangle|a\rangle \rightarrow \cos 2\theta |V\rangle|a\rangle + \sin 2\theta |H\rangle|b\rangle$，其中 θ 是半波片 (HWP) 的角度。注意，当 $\sqrt{p} = \sin 2\theta$ 时，上式与 (4.4) 式相同。

弱测量和测量反转。注意到 (4.4) 式所示的振幅阻尼退相干映射与 (4.5) 式所示的弱测量映射之间的唯一区别是有无 $\sqrt{p}|0\rangle_S|1\rangle_E$ 项。使用相同的干涉仪，也可以实现弱测量，唯一不同的是，现在只收集输出路径 $|a\rangle$ 的光子。这相当于在弱测量中监测环境激励的缺失。(4.7) 式所示的弱测量反转过程可以通过对每个系统量子比特进行以下三个顺序操作来构造：比特翻转、弱测量和比特翻转 [163]。

总之，对于受局域振幅阻尼噪声影响的两量子比特态，弱测量反转确实有助于抑制退相干保持量子关联。结果表明，如果没有纠缠突然死亡发生，则在弱测量反转的辅助下，总是可以部分地恢复共生纠缠。即使在噪声强度 $p \rightarrow 1$ 的极限下，量子失协也可以保持在一个有限值。内在的物理原因可以归于方案的概率性。相信我们的方案将有助于抑制量子信息处理中的退相干。

4.2　利用弱测量及其反转保护量子垂特间的纠缠

量子纠缠不仅是量子领域区别于经典领域的显著特征，而且还是量子信息和量子计算的关键资源 [31]。然而，实际情况下，纠缠不可避免地会受到系统与环境相互作用的影响，这导致纠缠衰减，甚至在某些情况下出现纠缠突然死亡 (ESD)[99-101]。因此，保护纠缠不受环境噪声的影响显得尤为重要。

大多数利用弱测量保护纠缠的研究仅限于二维系统 [155,161,162,168]。然而，完成某些量子信息任务需要高维的两体纠缠。众所周知，高维纠缠系统如量子垂特 [169-171] 可以为信息载体的操纵提供显著的优势。例如，双光子垂特纠缠 [172] 可以更有效地使用通信信道 [173]。此外，与量子密码学中的二维纠缠系统相比，高维纠缠系统提供了更高的信息编码密度和更强的错误恢复能力 [174]。然而，只有当制备的高维纠缠态具有足够长的相干时间进行操作时，这些协议的实际应用才有可能。

在本节中，提出利用弱测量技术保护受振幅阻尼噪声影响的两量子垂特纠缠的方案。保护纠缠的方案是基于量子弱测量可以被概率反转的事实。考虑两个如图 4.4 所示的简单方案。类似的方案已经在单个或两个量子比特系统中进行了讨论 [41,161,162]，而在本节中考虑的是两量子垂特情形。第一种方案是"振幅阻尼结合弱测量反转"。在这种情况下，与振幅阻尼退相干中的纠缠呈指数衰减为零不同, 研究表明, 在大多数情况下, 弱测量反转操作部分地恢复了纠缠。该方案的局限性在于在某些特定情况下仍然会发生纠缠突然死亡。作为对前一种方案的改进, 第二种方案是 "前弱测量, 经由振幅阻尼噪声, 后弱测量反转"。发现前弱测量和后弱测量反转的结合可以有效地对抗退相干。此外, 还能有效规避纠缠突然死亡。第二种方案的物理机理是前弱测量有意地将每个量子垂特移近到其基态。在这种 "休眠" 状态下, 振幅阻尼退相干自然被抑制, 因此纠缠得以保留[175]。

　　本节的内容安排如下: 首先, 介绍量子垂特的振幅阻尼噪声算子, 将弱测量和弱测量反转算子从量子比特推广到量子垂特; 然后, 提出两种不同的保护量子垂特间纠缠的方案; 最后, 简要讨论这些方案的实验可行性。

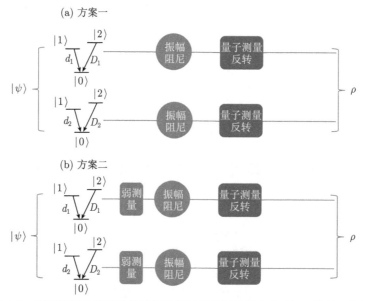

图 4.4　利用弱测量及其反转抑制退相干保护纠缠的方案 (扫二维码见彩图)

(a) 两个量子垂特分别经过振幅阻尼噪声后施加弱测量反转操作;

(b) 在经过噪声退相干信道之前先施加弱测量, 后面与 (a) 类似

4.2.1　利用弱测量及其反转保护振幅阻尼噪声下量子垂特间纠缠的方案

　　为了讨论问题的方便, 首先简单介绍一下本节涉及的一些基本概念, 包括量子垂特的振幅阻尼噪声、弱测量、弱测量反转等。

1. 量子垂特的振幅阻尼噪声

　　振幅阻尼噪声是量子系统与其环境之间耗散相互作用的典型模型[31]。对于量子垂特, 情况更为复杂, 因为需要考虑的三级系统[176]有三种结构类型。在这里, 重点介绍所谓的 V 型结构。将低能级表示为 $|0\rangle$, 将两个较高的能级分别

表示为 $|1\rangle$ 和 $|2\rangle$。假设只存在 $|1\rangle \to |0\rangle$ 和 $|2\rangle \to |0\rangle$ 之间的偶极跃迁。如果环境处于真空态，V 型量子垂特的自发辐射对应的振幅阻尼噪声可以用下面的映射表示 [177]：

$$|0\rangle_S|0\rangle_E \to |0\rangle_S|0\rangle_E$$

$$|1\rangle_S|0\rangle_E \to \sqrt{1-d}|1\rangle_S|0\rangle_E + \sqrt{d}|0\rangle_S|1\rangle_E$$

$$|2\rangle_S|0\rangle_E \to \sqrt{1-D}|2\rangle_S|0\rangle_E + \sqrt{D}|0\rangle_S|1\rangle_E \qquad (4.16)$$

其中，$d, D \in [0,1]$ 分别表示高能级 $|1\rangle$ 和 $|2\rangle$ 的衰减系数。

2. 量子垂特的弱测量

所考虑的零结果弱测量是文献 [158,159] 中最初讨论的 POVM 或部分坍缩测量。与振幅阻尼不同的是，从某种意义上说，相当于增加了一个理想的探测器来监测环境，其功能如下：如果环境中有激励，探测器发出咔嗒声，对应的概率为 p；如果在环境中没有检测到激励，探测器不发出咔嗒声，对应的概率为 $1-p$。对于量子垂特的情况，可以这样构造 POVM 元：$M_1 = \mathrm{diag}(0, \sqrt{p}, 0)$，$M_2 = \mathrm{diag}(0, 0, \sqrt{q})$，$M_3 = \mathrm{diag}(0, \sqrt{1-p}, \sqrt{1-q})$，式中 p 和 q 分别表示 $|1\rangle \to |0\rangle$ 和 $|2\rangle \to |0\rangle$ 跃迁的弱测量强度。测量算子 M_1 和 M_2 与正常的投影测量相同，测量后量子垂特的状态不可逆转地坍缩到基态，一个激励从系统发射到环境。由于它们是不可逆的，因此丢弃产生咔嗒声的实验结果，从而从映射中删除 $\sqrt{p}|0\rangle_S|1\rangle_E$ 和 $\sqrt{q}|0\rangle_S|1\rangle_E$ 项。幸运的是，测量算子 M_3 是本文中感兴趣的单量子垂特的弱（或部分坍缩）测量。M_3 可以写为

$$|0\rangle_S|0\rangle_E \to |0\rangle_S|0\rangle_E$$

$$|1\rangle_S|0\rangle_E \to \sqrt{1-p}|1\rangle_S|0\rangle_E$$

$$|2\rangle_S|0\rangle_E \to \sqrt{1-q}|2\rangle_S|0\rangle_E \qquad (4.17)$$

3. 量子垂特的弱测量反转

除冯·诺依曼投影测量外，任何弱或部分坍缩的测量结果都是可逆的 [178]。根据文献 [178]，很容易构造出 (4.17) 式所示的零结果弱测量的反转算子。单量子垂特的测量反转算符 (M_r) 也是一种非幺正操作，可以写为

$$M_r = \begin{pmatrix} \sqrt{(1-p_r)(1-q_r)} & 0 & 0 \\ 0 & \sqrt{1-q_r} & 0 \\ 0 & 0 & \sqrt{1-p_r} \end{pmatrix} \qquad (4.18)$$

其中，p_r 和 q_r 是测量反转的强度。由于矩阵是非幺正的，因此成功反转的概率总是小于 1。

在以上理论的基础上，下面展示两种保护量子垂特间纠缠的方案。首先探讨图 4.4(a) 所示第一种方案的效率。为简单起见，两个全同的量子垂特最初制备在态

$$|\Psi\rangle = \alpha|00\rangle + \beta|11\rangle + \gamma|22\rangle \tag{4.19}$$

其中，$|\alpha|^2 + |\beta|^2 + |\gamma|^2 = 1$。利用光子的轨道角动量可以在实验上制备此量子垂特纠缠态[170,172]。假设它们各自受到环境振幅阻尼噪声，并且噪声强度相同，即 $d_1 = d_2 = D_1 = D_2 = D$。考虑噪声的影响，初始的纯态不可避免地演化为混合态

$$\rho_d = \sum_{i=1}^{9} \varepsilon_i |\Psi\rangle\langle\Psi|\varepsilon_i^\dagger \tag{4.20}$$

其中，$\varepsilon_i = E_j \otimes E_k (j,k = 0,1,2)$，$E_j$、$E_k$ 是单个量子垂特的 Kraus 算子。在标准直积基矢 $\{|j,k\rangle = |3j+k+1\rangle\}$ 下，ρ_d 的非零元素是

$$\rho_{11} = |\alpha|^2 + |D|^2\left(|\beta|^2 + |\gamma|^2\right)$$
$$\rho_{22} = \rho_{44} = D(1-D)|\beta|^2$$
$$\rho_{33} = \rho_{77} = D(1-D)|\gamma|^2$$
$$\rho_{55} = (1-D)^2|\beta|^2$$
$$\rho_{99} = (1-D)^2|\gamma|^2$$
$$\rho_{15} = \rho_{51}^* = (1-D)\alpha\beta^*$$
$$\rho_{19} = \rho_{91}^* = (1-D)\alpha\gamma^*$$
$$\rho_{59} = \rho_{95}^* = (1-D)^2\beta\gamma^* \tag{4.21}$$

经历振幅阻尼退相干后，对每个量子垂特进行 (4.18) 式所示的量子测量反转操作。最终约化密度矩阵 ρ_r 的非零元为

$$\rho_{11} = (1-p_r)^2\left[|\alpha|^2 + |D|^2\left(|\beta|^2 + |\gamma|^2\right)\right]/C_1$$
$$\rho_{22} = \rho_{44} = D(1-D)(1-p_r)|\beta|^2/C_1$$
$$\rho_{33} = \rho_{77} = D(1-D)(1-p_r)|\gamma|^2/C_1$$
$$\rho_{55} = (1-D)^2|\beta|^2/C_1$$
$$\rho_{99} = (1-D)^2|\gamma|^2/C_1$$
$$\rho_{15} = \rho_{51}^* = (1-D)(1-p_r)\alpha\beta^*/C_1$$
$$\rho_{19} = \rho_{91}^* = (1-D)(1-p_r)\alpha\gamma^*/C_1$$
$$\rho_{59} = \rho_{95}^* = (1-D)^2\beta\gamma^*/C_1 \tag{4.22}$$

其中，$C_1 = (1-p_r)^2|\alpha|^2 + \left[(1-D)^2 + 2D(1-D)(1-p_r) + D^2(1-p_r)^2\right]\left(|\beta|^2 + |\gamma|^2\right)$ 为归一化系数。

为了量化在振幅阻尼噪声和弱测量反转下两量子垂特间纠缠的变化，并考虑到阻尼噪声会使纯态演化为混合态，因此需要一种有效的度量量子垂特混合态纠缠的方法。通常采用形成纠缠[179]来度量，但实际上，在 $d > 2$ 的情况下，尚不知如何计算 $d \otimes d$ 维系统混合态的形成纠缠。在参考文献 [180] 中提出了一种混合态蒸馏纠缠的可计算量度，即它基于状态 ρ 的部分转置 ρ^{T} 的迹范数。根据 Peres 的可分性判据[148]，如果 ρ^{T} 不为正，则 ρ 是纠缠态。因此，定义状态 ρ 的负度为

$$N = \frac{\|\rho^{\mathrm{T}}\| - 1}{2} \tag{4.23}$$

式中，N 等于 ρ^{T} 负特征值之和的绝对值，并且是纠缠单调[180]，但负度不能检测束缚纠缠态[181]。

根据 (4.23) 式，可以方便地计算振幅阻尼噪声下的负度 N_d 和弱测量反转后的负度 N_r。然而，由于依赖于初始参数 α, β, γ 和退相干参数 D 之间的关系，两个态 ρ_d 和 ρ_r 的负度的一般解析表达式难以给出。因此，在下面的讨论中给出数值结果。在图 4.5 中，展示了在振幅阻尼退相干和最佳测量反转强度下，对于两个特定初态，N_d 和 N_r 关于退相干强度 (D) 的函数曲线。为了恢复两量子垂特态 ρ_r 的最大纠缠量，选择最佳反转测量强度 $p_r = D$。对于 $|\Psi\rangle = 1/\sqrt{3}(|00\rangle + |11\rangle + |22\rangle)$，注意到阻尼负度 N_d 随着退相干强度 D 的增加而衰减，但是，反转操作后的负度 N_r 趋近于一有限值。如图 4.5(a) 所示，无论退相干强度如何，反转后的负度 N_r 总是高于 N_d。然而，对于 $|\Psi\rangle = \sqrt{3/8}|00\rangle + \sqrt{5/8}|11\rangle + 0|22\rangle$，发现反转后的负度 N_r 并不总是高于 N_d。此外，如图 4.5(b) 所示，反转后的负度 N_r 和退相干下的负度 N_d 均发生了突然死亡。原因很简单，因为所有的操作都是局域的，在可分离态下两个独立的量子垂特之间不能产生纠缠。上述关于量子垂特的结果与文献 [161] 中讨论的量子比特的情况一致。

由于弱测量反转是非幺正操作，该方案自然具有小于 1 的成功概率。在最优弱测量反转下（即 $p_r = D$），相应的成功概率为

$$P_1 = (1-D)^2 \left[1 + \left(|\beta|^2 + |\gamma|^2\right)\left(2D + D^2\right)\right] \tag{4.24}$$

很明显，当 $D \to 1$ 时，$P_1 \to 0$。

上述方案在保护纠缠和规避纠缠突然死亡方面存在一些局限性。在本节中，根据 Kim 等[162] 首次提出的思路，对第一种方案进行改进，即使在发生纠缠突然死亡的区域，也可以完全规避消相干并保护两量子垂特间的纠缠。主要区别在于，在每个量子垂特遭受振幅阻尼消相干之前，先对其进行弱测量操作，如图 4.4(b) 所示。

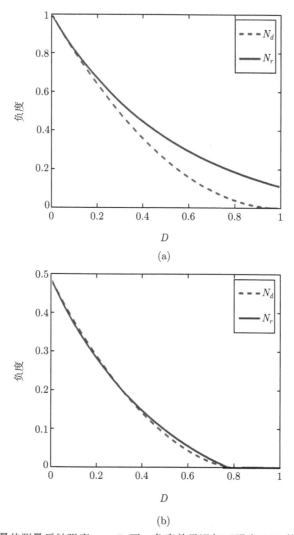

(a)

(b)

图 4.5　最佳测量反转强度 $p_r = D$ 下，负度关于退相干强度 (D) 的函数曲线

(a) 初态为 $|\Psi\rangle = 1/\sqrt{3}(|00\rangle + |11\rangle + |22\rangle)$ 时，反转负度 N_r 总是高于 N_d。当 $p_r \rightarrow 1$ 时，N_d 趋近于 0，而 N_r 趋近于一有限值。(b) 初态为 $|\Psi\rangle = \sqrt{3/8}|00\rangle + \sqrt{5/8}|11\rangle + 0|22\rangle$ 时，反转负度 N_r 并不总是高于 N_d，并且当纠缠突然死亡出现的时候 N_r 和 N_d 均等于 0

　　整个过程如下：对于每个量子垂特，首先进行强度为 p 的弱测量，然后通过振幅阻尼通道，最后施加强度为 p_r 的弱测量反转操作。经过这些操作，约化密度矩阵 ρ_{wr} 的非零元为

$$\rho_{11} = \left[(1-p_r)^2 |\alpha|^2 + (1-p)^2 D^2 (1-p_r)^2 \left(|\beta|^2 + |\gamma|^2 \right) \right] / C_2$$

$$\rho_{15} = \rho_{51}^* = (1-p)(1-D)(1-p_r)\,\alpha\beta^*/C_2$$

$$\rho_{19} = \rho_{91}^* = (1-p)(1-D)(1-p_r)\,\alpha\gamma^*/C_2$$

$$\rho_{22} = \rho_{44} = (1-p)^2 D(1-D)(1-p_r)\,|\beta|^2/C_2$$

$$\rho_{33} = \rho_{77} = (1-p)^2 D(1-D)(1-p_r)\,|\gamma|^2/C_2$$

$$\rho_{55} = (1-p)^2(1-D)^2|\beta|^2/C_2$$

$$\rho_{59} = \rho_{95}^* = (1-p)^2(1-D)^2\beta\gamma^*/C_2$$

$$\rho_{99} = (1-p)^2(1-D)^2|\gamma|^2/C_2 \tag{4.25}$$

其中,$C_2 = (1-p_r)^2|\alpha|^2 + (1-p)^2\left[(1-D)^2 + 2D(1-D)(1-p_r) + D^2(1-p_r)^2\right](|\beta|^2 + |\gamma|^2)$。

根据文献 [42,162] 所示的方法,求得对应于恢复两量子垂特 ρ_{wr} 最大纠缠量的最佳反转测量强度为 $p_r = p + D\bar{p}$,其中 $\bar{p} = 1 - p$。接下来,采用与第一种方案相同的初始状态讨论,并比较这两种方案在抑制振幅阻尼退相干方面的有效性。图 4.6 中,展示了利用弱测量和测量反转技术对两量子垂特间纠缠的保护。当初态为 $|\Psi\rangle = \sqrt{3/8}|00\rangle + \sqrt{5/8}|11\rangle + 0|22\rangle$ 时,随着退相干系数 D 的增加,两量子垂特纠缠单调衰减,甚至出现纠缠突然死亡。

然而,很明显两量子垂特纠缠可以通过前弱测量及后弱测量反转的联合作用来保护。在图 4.6(a) 中,注意到当 $D = 0.8$ 时,初态为 $|\Psi\rangle = 1/\sqrt{3}(|00\rangle + |11\rangle + |22\rangle)$ 的退相干负度 N_d 为 0.04,但当 $p \to 1$ 时,可以完全恢复到初始纠缠,如图 4.6(b) 中实线所示。在图 4.6(b) 中,引入了 N_{wr}(弱测量、退相干和反转测量后的负度)与初始负度 N_i 的比值,以突出纠缠恢复效率。为了证明该方案规避纠缠突然死亡的能力,选择 $D = 0.8$,此时初始状态 $|\Psi\rangle = \sqrt{3/8}|00\rangle + \sqrt{5/8}|11\rangle + 0|22\rangle$ 在噪声的影响下出现了纠缠突然死亡,如图 4.6(a) 虚线所示。研究发现弱测量及其反转操作可以以一定的概率完全恢复初始纠缠,这与参考文献 [162] 中考虑两量子比特纠缠情况类似。

与第一种方案相似,最佳弱测量反转 (即 $p_r = p + D\bar{p}$) 下的成功概率可以写为

$$P_2 = (1-D)^2\bar{p}^2\left[1 + (|\beta|^2 + |\gamma|^2)(2D\bar{p} + D^2\bar{p}^2)\right] \tag{4.26}$$

注意到,当 $p \to 1$ 时,成功概率 $P_2 \to 0$。原因在于,此时前弱测量退化为了一个不可恢复的冯·诺依曼投影测量,系统已完全坍缩,信息便不再可能恢复。

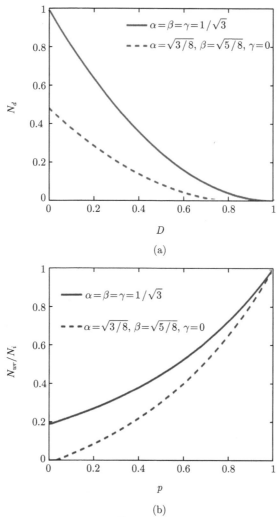

(a)

(b)

图 4.6　对于两个特定的初态 $|\varPsi\rangle = 1/\sqrt{3}(|00\rangle + |11\rangle + |22\rangle)$ (实线) 和 $|\varPsi\rangle = \sqrt{3/8}|00\rangle + \sqrt{5/8}|11\rangle + 0|22\rangle$ (虚线): (a) 负度 N_d 关于退相干强度 D 的函数曲线; (b) $D = 0.8$ 时, 最佳弱测量反转强度下的负度 N_{wr} 和初始负度 N_i 的比值关于弱测量强度 p 的函数曲线

　　通过比较两种方案可以发现, 在保护纠缠和规避纠缠突然死亡方面, 第二种方案要比第一种方案有效得多。物理上可以这样解释: 由 (4.17) 式可知, 弱测量强度 p 越强, 初始量子垂特越接近 $|0\rangle$ 态。系统一旦处于 $|0\rangle$ 态, 将不受振幅阻尼退相干的影响。在第一种方案中, 在量子垂特通过振幅阻尼通道之前没有进行弱测量, 因此反转后的纠缠高度依赖于初始态和退相干强度 D。在第二种方案中, 进行了前弱测量, 其将态移向对振幅阻尼退相干免疫的 $|00\rangle$ 态, 然后再执行最佳弱测量反转, 将量子垂特恢复到初始状态, 因此, 恢复的纠缠主要取决于弱测量

强度。当 $p \to 1$ 时，前弱测量和后测量反转的结合，可以完全恢复任何量子态的初始纠缠。

在上述分析中，假设两个量子垂特是全同的，并且态 $|1\rangle$ 和 $|2\rangle$ 的退相干系数 d 和 D 是相同的。事实上，这两种方案在最一般的情况 (即 $d_1 \neq d_2 \neq D_1 \neq D_2$) 下也都是通用的。按照上述相同的计算过程，在图 4.7 中绘制了两种弱测量方案

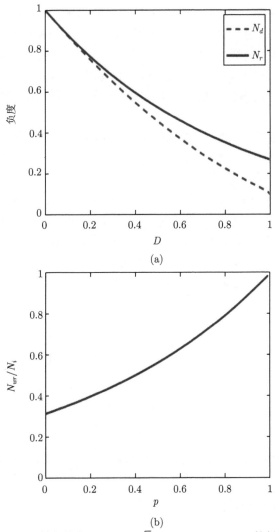

(a)

(b)

图 4.7 利用弱测量及其反转保护态 $|\Psi\rangle = 1/\sqrt{3}(|00\rangle + |11\rangle + |22\rangle)$ 的纠缠：(a) 方案一，退相干参数为 $d_1 = D, d_2 = 0.7D, D_1 = 0.3D, D_2 = 0.6D$；(b) 方案二，退相干参数为 $d_1 = 0.8, d_2 = 0.5, D_1 = 0.4, D_2 = 0.6$

对抗振幅阻尼退相干的数值结果。对于第一种方案，最佳反转测量强度为 $p_{rk}=d_k$，$q_{rk}=D_k(k=1,2)$。同样地，对于第二种方案，最佳反转测量强度应为 $p_{rk} = p_k + d_k\bar{p}_k$，$q_{rk} = q_k + D_k\bar{q}_k$。

4.2.2　实验实现及结论

此处有必要对实验实现中的几个关键问题进行简要的讨论。在这里，将讨论限制在腔 QED 系统，因为这是实验实现我们方案的最佳候选手段。

初始状态的制备。 (4.19) 式所示的量子垂特纠缠可以通过将一对动量和偏振纠缠光子发送到两个分别耦合了一个 V 型原子的空间分离的腔中产生 [182]。对于原子能级结构，可以选择 ^{87}Rb，态 $|0\rangle$ 对应于 $5^2P_{1/2}$ 的 $|F=1, m_F=0\rangle$，态 $|1\rangle$ 和 $|2\rangle$ 分别对应于 $5^2P_{1/2}$ 的 $|F=1, m_F=1\rangle$ 和 $|F=1, m_F=-1\rangle$。$|1\rangle \to |0\rangle$ 和 $|2\rangle \to |0\rangle$ 的跃迁分别辐射出右旋和左旋圆偏振光子，因此在弱测量中可以区分参数 p 和 q。

振幅阻尼退相干。 在腔 QED 系统中，振幅阻尼退相干是原子从激发态到基态自发辐射光子的过程。(4.16) 式所示的动力学映射描述了 V 型量子垂特和真空环境之间的耗散相互作用 [177]。

弱测量。 注意到 (4.16) 式振幅阻尼消相干映射与 (4.17) 式弱测量映射之间的唯一区别是包含了 $\sqrt{p}|0\rangle_S|1\rangle_E$ 和 $\sqrt{q}|0\rangle_S|1\rangle_E$ 项。可以利用理想的光子探测器来监测环境，每当检测器有响应时，就丢弃结果。这种后选择删除了 $\sqrt{p}|0\rangle_S|1\rangle_E$ 和 $\sqrt{q}|0\rangle_S|1\rangle_E$ 项，由此，即可实现零结果弱测量。

弱测量反转。 为了逆转弱测量 (M_3) 的影响，只需要应用 M_3 的逆：

$$M_3^{-1}=\begin{pmatrix} 1 & 0 & 0 \\ 0 & \dfrac{1}{\sqrt{1-p}} & 0 \\ 0 & 0 & \dfrac{1}{\sqrt{1-q}} \end{pmatrix} \tag{4.27}$$

M_3^{-1} 也可以写为

$$M_3^{-1}=\frac{1}{\sqrt{(1-p)(1-q)}}FM_3FM_3F=\frac{1}{\sqrt{(1-p)(1-q)}}M_r \tag{4.28}$$

其中，F 是量子垂特翻转操作

$$F=\begin{pmatrix} 0 & 0 & 1 \\ 1 & 0 & 0 \\ 0 & 1 & 0 \end{pmatrix} \tag{4.29}$$

因此，(4.18) 式所示的弱测量反转过程可以通过对每个系统的量子垂特进行以下五个顺序操作来构造: 垂特翻转 (F)，弱测量 (M_3)，垂特翻转 (F)，另一个弱测量 (M_3) 和垂特翻转 (F)。垂特翻转操作 F 可以通过在 $|1\rangle \leftrightarrow |2\rangle$ 跃迁上施加一个 π 脉冲，接着再加上另一个 π 脉冲交换 $|0\rangle$ 和 $|1\rangle$ 的布居来实现 (即通过两个 π 脉冲的序列 $\pi^{|1\rangle \leftrightarrow |2\rangle} \pi^{|0\rangle \leftrightarrow |1\rangle}$)[183]。

总之，证明了弱测量反转确实可以用于对抗振幅阻尼退相干和恢复两个量子垂特的纠缠，并对方案进行了改进。具体来说，考察了两种方案：一种是 "振幅阻尼后施加弱测量反转"；另一种是 "前弱测量，经过振幅阻尼通道，再施加弱测量反转"。研究表明，第一种方案可以部分恢复某些初始状态的两量子垂特纠缠，但在纠缠保护效率和纠缠突然死亡规避方面有一定的局限性。在第二种方案中，依次执行前弱测量和后弱测量反转，即使发生纠缠突然死亡，也可以完全抑制任何初始态的振幅阻尼退相干。尽管这些方案有风险（更强的弱测量才能保持更长时间，但这会降低成功的概率），不过，这种保持纠缠的方案在纠缠蒸馏协议和一些量子通信任务中很有用。

4.3 本 章 小 结

本章首先研究了利用弱测量反转保护及恢复振幅阻尼噪声下量子比特间量子关联的问题。结果表明，如果没有纠缠突然死亡发生，则在弱测量反转的辅助下，总是可以以一定的概率部分地恢复共生纠缠。并且即使在噪声强度 $p \to 1$ 的极限下，量子失协也可以保持在一个有限的值。然后，推广到了保护两个量子垂特间纠缠的情况。研究表明，利用弱测量反转可以部分恢复某些初始状态的两量子垂特纠缠，但是在纠缠保护效率和纠缠突然死亡规避方面有一定的局限性。针对此问题对方案进行了改进，依次执行前弱测量和后弱测量反转，研究发现即使发生纠缠突然死亡，也可以完全恢复任意态的初始纠缠。这些方案内在的物理原因可以归于方案的概率性。相信这些保持纠缠的方案有助于抑制量子信息处理中的退相干，提高量子信息处理的效率。

第 5 章　提高开放系统下量子信息传输效率的方案

　　信息学是研究信息的处理、传输及存储的一门学科。量子信息是量子物理与信息、计算科学相融合的新兴交叉学科，受到了广泛关注 [17]。量子信息传输是利用量子相干性、量子纠缠等资源实现分配和处理信息的任务 [31]，在量子计算和量子通信中起着关键作用。然而，环境与系统的相互作用给量子信息的传送带来了巨大的挑战。噪声的存在使得信息传输效率降低甚至不能可靠地传输。本章主要基于弱测量、量子测量反转、环境辅助测量等量子调控技术，研究提高开放系统下量子信息传输效率的方案 [184-186]。

5.1　基于腔-光纤耦合系统提高量子态传输效率的方案

　　量子通信和分布式量子计算的基本要素之一是远距离量子比特之间量子态传输 (QST) 的可靠实现 [26,75,187]。通常，原子系统被认为是固定的量子比特而被用来存储信息，而光子则适合作为飞行的量子比特来分发信息 [26,188,189]。通过光纤连接的腔与原子耦合组成的系统被认为是最有前途的候选者之一，因为它可以集成在平台上，并且能够在功能网络中实现小型化和规模化。

5.1.1　引言

　　近年来，基于原子-腔-光纤系统的纠缠制备和量子逻辑门的实现受到了广泛关注 [47,61,64,70,76,78,94,190-199]。同时，也提出了许多量子态传输的方案。在文献 [75,77] 中，Pellizzari 和 Zhou 等基于绝热演化的方法，分别提出了在光纤耦合的两个远距离腔中囚禁的两个原子之间进行量子态传输的方案。Shi 等 [200] 提出了一种基于量子齐诺 (Zeno) 动力学的量子态传输方案。此外，Yin 和 Li[86] 提出了另一种通过相干动力学演化实现量子态传输的方案。注意到，该方案对原子的自发辐射和腔的光子泄漏等消相干过程非常敏感。在原子-腔-光纤系统中，如何抑制原子的自发辐射和腔的光子泄漏等引起的耗散对量子态传输的影响是一个重要问题。量子齐诺动力学是一种新方法，但它在弱耦合机制下无效。

　　由于量子系统与其环境之间不可避免的相互作用，量子耗散成为了实现量子信息处理任务的主要障碍之一。量子弱测量及其反转作为一种对抗退相干的新技术，已被广泛证明可以在各种情况下保护系统免受振幅阻尼噪声的影响 [41,42,156-163,201-206]，从单个量子比特的保真度到两量子比特及两个量子垂特间

的纠缠 [156,157,161,162] 的保护都可以用弱测量实现。该领域另一个令人欣喜的发展是，量子弱测量及其反转已经在超导相位量子比特 [163]、光量子比特 [41,162] 和囚禁离子 [207] 中得到实验实现。

本节基于通过光纤连接的腔与原子耦合组成的系统，提出了一种通过量子弱测量和量子测量反转提高量子态传输保真度的方案。该方案的基本思想是弱测量具有不完全破坏性，可以通过量子测量反转操作以一定的概率来恢复，即有意进行前弱测量使第一个量子比特接近其基态，基态不受自发辐射和光子泄漏的影响。因此，测量后的坍缩态可以长时间保持，几乎不受噪声影响。最后，利用作用于第二个量子比特的量子测量反转来消除前弱测量的影响并恢复传输态。弱测量的引入使该方案对耗散退相干具有鲁棒性，包括原子的自发辐射以及腔和光纤的光子泄漏。此外，这些方案对耦合系数不敏感，并且在弱耦合情形下有效，这是我们的方案与其他方法相比最显著的优点，其潜在代价是弱测量的概率性导致该方案是一种概率性方案。

所提方案涉及的基本概念是弱测量和量子测量反转。弱测量是一种不同于冯·诺依曼测量 (通常被称为强测量) 的量子测量。通过弱测量，只能获得关于系统的部分信息，但保持系统状态的不完全坍缩。因此，可以通过被称为量子测量反转的操作来恢复系统的状态。对于具有激发态 $|1\rangle$ 和基态 $|0\rangle$ 的两能级系统，弱测量通常写为

$$M_0 = |0\rangle\langle 0| + \sqrt{1-p}|1\rangle\langle 1| \tag{5.1}$$

$$M_1 = \sqrt{p}|1\rangle\langle 1| \tag{5.2}$$

其中，p 为弱测量强度。有趣的是，对于 $p \in (0,1)$，测量算子 M_0 数学上可逆，即它的影响是可逆的，而 M_1 不可逆，我们对 M_1 不感兴趣。这种弱测量 M_0 的物理实现可以通过添加一个理想的探测器来监视环境，功能如下所示：如果环境中没有检测到激发，则探测器以 $1-p$ 的概率不产生响应。另一方面，若探测器响应则表示 M_1 的实现，即实验失败并应重新开始。

一旦成功进行弱测量 M_0，那么系统的初态 $|\psi_0\rangle$ 将退化为 $|\psi\rangle' = M_0|\psi_0\rangle/\sqrt{\langle\psi_0|M_0^\dagger M_0|\psi_0\rangle}$。为了恢复初态，$M_0$ 的逆操作可以构造为

$$M_0^{-1} = \frac{1}{\sqrt{1-q}} \begin{pmatrix} 0 & 1 \\ 1 & 0 \end{pmatrix} \begin{pmatrix} \sqrt{1-q} & 0 \\ 0 & 1 \end{pmatrix} \begin{pmatrix} 0 & 1 \\ 1 & 0 \end{pmatrix}$$

$$= \frac{1}{\sqrt{1-q}} X M_0 X \tag{5.3}$$

其中，$X = |0\rangle\langle 1| + |1\rangle\langle 0|$ 是比特翻转操作（即泡利 X 操作）。注意到，(5.3) 式不

是一个测量算子，而是一个称之为量子测量反转的逆过程。虽然非酉算子 M_0^{-1} 不能通过一个合适的哈密顿量表示的演化来实现，但可以通过另一个弱测量以一定的概率实现。(5.3) 式的第二个等号表示反转过程可以通过三个步骤构建：比特翻转操作、第二次弱测量和第二次比特翻转操作。显然，通过选择适当参数 $q = p$，该反转操作可以以概率的方式准确地抵消弱测量 M_0 的影响。然而，当考虑到退相干效应时，如何选择合适的参数 q 具有重要的理论和实验意义。一般情况下，可以利用偏微分优化变量 q 来获得最优的保真度，此时对应的是最佳反转测量强度，但解析表达式比较复杂。特别是，这个数学上最优的 q 依赖于所有涉及的参数，这对于物理上实现该操作是不切实际的。在这里，通过量子跃迁方法可以找到一个物理上的最优 q。虽然这个物理上的最优 q 并没有使保真度最大化，但它确实大大提高了退相干下的保真度。此外，值得注意的是，这个物理最优 q 是简洁和普适的，因为它与态无关。

5.1.2　利用弱测量及其反转提高量子态传输效率的方案

现在考虑两个二能级原子与通过光纤连接的两个远距离腔共振耦合的情况。在旋转波近似下，原子–腔–光纤耦合系统的相互作用哈密顿量可以写成 ($\hbar = 1$)

$$H = \sum_{j=1,2} g_j \left(|1\rangle_j \langle 0| a_j + |0\rangle_j \langle 1| a_j^\dagger \right) + \sum_{j=1,2} \nu \left(b a_j^\dagger + b^\dagger a_j \right) \tag{5.4}$$

其中，$|1\rangle_j$ 和 $|0\rangle_j$ 分别是第 j 个原子的激发态和基态，a_j 和 b 分别是第 j 个腔模和光纤模的湮灭算符，g_j 是第 j 个原子与腔 j 中的模式之间的耦合系数，ν 是腔–光纤耦合强度。

最终的任务是将第一个量子比特拥有的信息传递给第二个量子比特，即实现这个过程 $(\alpha|0\rangle_1 + \beta|1\rangle_1)|0\rangle_2 \Rightarrow |0\rangle_1(\alpha|0\rangle_2 + \beta|1\rangle_2)$，其中 $\alpha^2 + |\beta|^2 = 1$。最初，假设系统处于态

$$|\psi(0)\rangle = (\alpha|0\rangle_1 + \beta|1\rangle_1)|0\rangle_2|0\rangle_{c1}|0\rangle_{c2}|0\rangle_f \tag{5.5}$$

在进行量子态传输之前，先对第一个原子进行弱测量

$$|\psi(0)\rangle_{wm} = \frac{1}{N_1} \left(\alpha|0\rangle_1 + \sqrt{1-p}\,\beta|1\rangle_1 \right)|0\rangle_2|0\rangle_{c1}|0\rangle_{c2}|0\rangle_f \tag{5.6}$$

其中，$N_1 = \sqrt{\alpha^2 + (1-p)|\beta|^2}$，$p$ 是弱测量强度。考虑到原子的自发辐射以及腔和光纤的衰减，态演化将由主方程支配 [79]

$$\partial_t \rho = -\mathrm{i}[H, \rho] - \sum_{j=1}^2 \frac{\Gamma_j}{2} \left(\sigma_j^+ \sigma_j^- \rho + \rho \sigma_j^+ \sigma_j^- - 2\sigma_j^- \rho \sigma_j^+ \right)$$

$$-\sum_{j=1}^{2}\frac{\kappa_j}{2}\left(a_j^+a_j\rho+\rho a_j^+a_j-2a_j\rho a_j^+\right)-\frac{\kappa_f}{2}\left(b^\dagger b\rho+\rho b^\dagger b-2b\rho b^\dagger\right) \tag{5.7}$$

其中，Γ_j 是第 j 个原子的自发辐射率，κ_j 是第 j 个腔模的衰减系数，κ_f 是光纤模式的衰减系数。

由于整个系统的初态只涉及一个激发，系统的演化将被限制在由下列基矢组成的子空间

$$|1\rangle=|0\rangle_1|0\rangle_2|0\rangle_{c1}|0\rangle_f|0\rangle_{c2}, \quad |2\rangle=|1\rangle_1|0\rangle_2|0\rangle_{c1}|0\rangle_f|0\rangle_{c2}$$
$$|3\rangle=|0\rangle_1|0\rangle_2|1\rangle_{c1}|0\rangle_f|0\rangle_{c2}, \quad |4\rangle=|0\rangle_1|0\rangle_2|0\rangle_{c1}|1\rangle_f|0\rangle_{c2}$$
$$|5\rangle=|0\rangle_1|0\rangle_2|0\rangle_{c1}|0\rangle_f|1\rangle_{c2}, \quad |6\rangle=|0\rangle_1|1\rangle_2|0\rangle_{c1}|0\rangle_f|0\rangle_{c2}$$

t 时刻，系统的态可以写成

$$\rho(t)=\begin{pmatrix} \rho_{11} & \rho_{12} & \rho_{13} & \rho_{14} & \rho_{15} & \rho_{16} \\ \rho_{21} & \rho_{22} & \rho_{23} & \rho_{24} & \rho_{25} & \rho_{26} \\ \rho_{31} & \rho_{32} & \rho_{33} & \rho_{34} & \rho_{35} & \rho_{36} \\ \rho_{41} & \rho_{42} & \rho_{43} & \rho_{44} & \rho_{45} & \rho_{46} \\ \rho_{51} & \rho_{52} & \rho_{53} & \rho_{54} & \rho_{55} & \rho_{56} \\ \rho_{61} & \rho_{62} & \rho_{63} & \rho_{64} & \rho_{65} & \rho_{66} \end{pmatrix}$$

然后，对第二个原子进行量子测量反转，密度矩阵变为

$$\rho(t)=\frac{1}{N}\begin{pmatrix} \rho_{11}\bar{q} & \rho_{12}\bar{q} & \rho_{13}\bar{q} & \rho_{14}\bar{q} & \rho_{15}\bar{q} & \rho_{16}\sqrt{\bar{q}} \\ \rho_{21}\bar{q} & \rho_{22}\bar{q} & \rho_{23}\bar{q} & \rho_{24}\bar{q} & \rho_{25}\bar{q} & \rho_{26}\sqrt{\bar{q}} \\ \rho_{31}\bar{q} & \rho_{32}\bar{q} & \rho_{33}\bar{q} & \rho_{34}\bar{q} & \rho_{35}\bar{q} & \rho_{36}\sqrt{\bar{q}} \\ \rho_{41}\bar{q} & \rho_{42}\bar{q} & \rho_{43}\bar{q} & \rho_{44}\bar{q} & \rho_{45}\bar{q} & \rho_{46}\sqrt{\bar{q}} \\ \rho_{51}\bar{q} & \rho_{52}\bar{q} & \rho_{53}\bar{q} & \rho_{54}\bar{q} & \rho_{55}\bar{q} & \rho_{56}\sqrt{\bar{q}} \\ \rho_{61}\sqrt{\bar{q}} & \rho_{62}\sqrt{\bar{q}} & \rho_{63}\sqrt{\bar{q}} & \rho_{64}\sqrt{\bar{q}} & \rho_{65}\sqrt{\bar{q}} & \rho_{66} \end{pmatrix}$$

其中，q 是测量反转的强度，$\bar{q}=1-q$，$N=1-q+q\rho_{66}$。虽然不能得到解析式，但可以利用量子光学工具箱 (quantum optics toolbox)[208] 对主方程进行数值求解。对第一个原子、腔和光纤求迹，得到第二个原子的最终态为

$$\rho_2(t)=\frac{1}{N}\left[(\rho_{11}+\rho_{22}+\rho_{33}+\rho_{44}+\rho_{55})\,\bar{q}|0\rangle_2\langle0|+\rho_{16}\sqrt{\bar{q}}|\,0\rangle_2\langle1|\right.$$
$$\left.+\rho_{61}\sqrt{\bar{q}}|1\rangle_2\langle0|+\rho_{66}|\,1\rangle_2\langle1|\right. \tag{5.8}$$

该原子的目标态为 $|\phi\rangle=\alpha|0\rangle+\beta|1\rangle$，因此，态传输的保真度为

$$F=\langle\phi\,|\rho_2(t)|\,\phi\rangle$$

$$= \frac{1}{N} \left[\alpha^2 \left(\rho_{11} + \rho_{22} + \rho_{33} + \rho_{44} + \rho_{55} \right) \bar{q} + \alpha\beta\rho_{16}\sqrt{\bar{q}} + \alpha\beta^*\rho_{61}\sqrt{\bar{q}} + |\beta|^2\rho_{66} \right]$$

$$(5.9)$$

注意到, 保真度高度依赖于量子测量反转的强度。在最一般的情况下, 量子测量反转的最佳强度太复杂而无法写出其具体形式。对于 $g_1=g_2=g$, $\nu=\sqrt{1.5}g$, $\Gamma_1=\Gamma_2=\kappa_1=\kappa_2=\kappa_f=\gamma$ 的简化模型, 通过量子跃迁的方法可以得到物理上最优的测量反转的强度[27,44]

$$q = 1 - (1-p)\mathrm{e}^{-\gamma t} \qquad (5.10)$$

有趣的是, (5.10) 式是不依赖于态的, 这在此处讨论的方案中至关重要, 因为量子态传输的目的是传送一个未知的量子态。

为了展示弱测量和量子测量反转如何增强量子态传输, 在图 5.1(a) 中绘制了不同弱测量强度下保真度与 gt 的关系图。发现自由演化 (即没有弱测量和量子测量反转) 下保真度最小。然而, 此方案的显著特点是, 通过执行弱测量, 几乎可以完全避免第一个量子比特的自发辐射, 有效地关闭在传输过程中导致退相干的主要损耗通道。因此, 可以预期, 随着弱测量强度 p 的增加, 弱测量和量子测量反转辅助下量子态传输的保真度将会得到提高。如果弱测量强度接近于 1, 则可以实现完美的量子态传输, 即完全消除环境造成的退相干影响, 最大保真度接近于 1。另一方面, 可以发现在图 5.1(a) 中, 随着弱测量强度 p 的增加, 保真度对 $gt=\pi$ 附近的时间窗口越来越不敏感。这可能对实验操作非常有帮助。最后, 注意到只有量子测量反转 (即 $p=0$) 也能部分提高量子态传输的保真度。

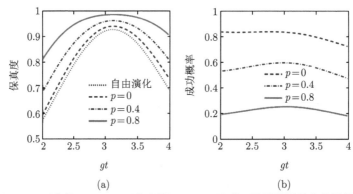

图 5.1　(a) $p=0.8$(实线)、$p=0.4$(点虚线)、$p=0$(虚线) 及无弱测量和量子测量反转操作 (点线) 时, 量子态传输的保真度随时间的变化曲线; (b) 成功概率关于时间 gt 的函数曲线。其他参数为 $\alpha=\beta=1/\sqrt{2}$, $\gamma=0.1$g, $q=1-(1-p)\mathrm{e}^{-\gamma t}$

尽管在没有或有前弱测量的情况下, 保真度都有所提高, 但潜在的物理机理完全不同。对于没有前弱测量的情况，量子测量反转操作只是一种粗略的纠错策略。然而，后一种方法更有效，因为前弱测量的目的是优先将第一个量子比特移到接近于基态 (不完全坍缩)，在这种状态下，耗散退相干自然被抑制。因此，量子态将在很长一段时间内保持不变，几乎没有被破坏。然后，在需要时，利用量子测量反转在第二个量子比特上恢复初始量子态。由于弱测量等价于概率性旋转，旋转角度与测量强度对应，因此该方法不是确定性的，即量子态传输能获得高保真度的代价是低成功概率。我们方案的成功概率是

$$P = 1 - q + q\rho_{66} \tag{5.11}$$

其中，q 如 (5.10) 式所示。如图 5.1(b) 所示，成功概率随着弱测量强度 p 的增加而减小。

此方案的另一个显著优点是在强耦合和弱耦合机制下均有效。如图 5.2 所示，在 $p = 0.8$ 的情况下，绘制了不同的衰减系数下，保真度关于时间 gt 的函数曲线。结果表明，在自由演化条件下，随着衰减系数的增加，保真度迅速下降。在 $\gamma = 2g$ 的弱耦合区域，最大保真度小于 0.55。这意味着传输不再是可靠的。然而，令人兴奋的是，在弱耦合条件下，借助弱测量及量子测量反转，保真度可以提高到 0.95。这一特性将有利于量子态传输的实验实现。

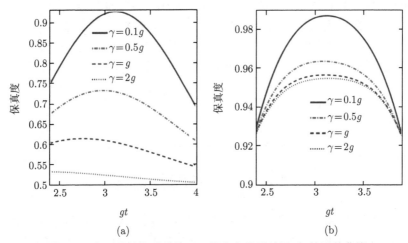

图 5.2 在不同的衰减系数下，保真度关于时间 gt 的函数曲线

(a) 无弱测量及量子测量反转操作；(b) 施加了弱测量及量子测量反转操作。其他参数 $\alpha = \beta = 1/\sqrt{2}$，$p = 0.8$，$q = 1 - (1-p)\mathrm{e}^{-\gamma t}$

在上面的讨论中，只考虑了理想条件 $\nu = \sqrt{1.5}g$。实际上，光纤–腔耦合常数与原子–腔耦合常数之比 (ν/g) 可能并不完全满足这一理想条件。参数偏离的鲁

棒性分析在实际应用中是必不可少的。在图 5.3 中绘制了弱测量方案的保真度与这个比率偏离的关系曲线。在这种情况下，可以观察到，随着弱测量强度的增加，保真度对比值 ν/g 的偏差变得更加稳定。

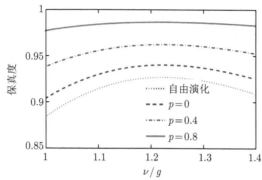

图 5.3　当 $gt = \pi$，$p = 0.8$(实线)、$p = 0.4$(点虚线)、$p = 0$(虚线) 和无弱测量及其反转 (点线) 下，保真度关于 ν/g 的曲线。其他参数 $\alpha = \beta = 1/\sqrt{2}$，$\gamma = 0.1g$，$q = 1 - (1-p)\mathrm{e}^{-\gamma t}$

　　总之，在本节中提出了一个方案，可以实现囚禁在由光纤连接的腔中的两个原子间近乎完美的量子态传输。研究表明，借助弱测量和量子测量反转可以有效地提高保真度。有趣的是，前弱测量 (即 $p \neq 0$) 的存在使方案对原子自发辐射、腔衰变和光纤损耗等消相干过程不敏感，并且可以放松对原子与腔之间强耦合的要求。也就是说，即使在弱耦合条件下，也可以实现可靠的量子态传输。此外，方案对腔–光纤耦合强度与原子–腔耦合强度的比值 (即 ν/g) 的偏差具有鲁棒性。这里的工作为在严重退相干条件下实现量子态传输提供了一个新颖的视角，代价是这种方案并不能以 100% 的概率实现。

5.2　基于弱测量及量子测量反转提高量子
隐形传态保真度的方案

　　自 1993 年由 Bennett 等 [6] 提出量子隐形传态以来，它在量子通信和量子计算网络中起着至关重要的作用 [209,210]。量子隐形传态的目的是将未知量子态从发送者传输到另一个具有最初共享纠缠的接收者。在过去的 30 年中，大量研究表明，双方之间共享的纠缠是提高量子隐形传态保真度的最重要因素 [66,211]。一般认为，量子隐形传态的保真度与共享纠缠量成正比 [212]。也就是说，共享的纠缠越多，保真度越大。不幸的是，纠缠很脆弱，很容易被环境噪声破坏 [95]。因此，如何在噪声信道下保护共享纠缠成为开放系统下量子隐形传态研究的重要课题 [213]。

众所周知，任何一个物理过程都可以表示为一个量子通道，它将系统的初始态映射到末态 [6,214]。对于多方系统或同一信道的连续使用，这些信道可以分为关联信道和无关联信道。大量文献对无关联信道进行了广泛的研究 [215,216]。然而，在一些物理过程中，特别是在传输速率较高的情况下，关联信道更为普遍 [32,217-219]。与每个量子比特独立经历噪声的无关联振幅阻尼信道不同，关联振幅阻尼信道中的量子比特可能同时发生弛豫 [220]。关联效应有利于规避纠缠猝死，如文献 [221] 所示。然而，关联振幅阻尼噪声对量子隐形传态的影响尚未有系统的研究报道。

弱测量作为一种量子技术在过去的近十年中引起了研究者们相当大的关注 [41,156,157,159,206,222-224]。与传统的冯·诺依曼正交投影测量不同，弱测量不会使被测系统完全坍缩，在提取系统信息方面更加温和。因此，可以利用量子测量反转操作以一定的概率恢复初始态。近年来，大量研究证实了弱测量和量子测量反转在保护纠缠免受振幅阻尼噪声影响方面的能力 [38,162,225]。然而，目前很少有关于其在关联振幅阻尼噪声上应用的详细研究 [226]。这促使我们研究利用弱测量和量子测量反转提高关联振幅阻尼噪声下的量子隐形传态保真度的方案。

本节首先考虑关联振幅阻尼噪声对量子隐形传态的影响，并提出利用弱测量及量子测量反转技术提高量子隐形传态保真度的方案。研究发现，关联振幅阻尼噪声下量子隐形传态的平均保真度比振幅阻尼噪声下的有所改善。此外，还将展示，结合弱测量和量子测量反转可以大大提高振幅阻尼和关联振幅阻尼噪声下量子隐形传态的平均保真度。特别是对于完全不相关的振幅阻尼和完全相关的振幅阻尼情况，平均保真度可以接近 1。

5.2.1 关联振幅阻尼噪声下的量子隐形传态

在本节中，探讨关联振幅阻尼噪声对量子隐形传态的影响。如图 5.4(a) 所示，假设发送方和接收方分别为爱丽丝和鲍勃。任务是把一个未知量子态从爱丽丝传送给鲍勃。量子态可表示为

$$|\Psi_{\text{in}}\rangle = \cos\frac{\theta}{2}|0\rangle + e^{i\phi}\sin\frac{\theta}{2}|1\rangle \tag{5.12}$$

其中，θ 和 ϕ 分别为极化因子和相位因子。为了实现完美的量子隐形传态，需要在爱丽丝和鲍勃之间建立初始纠缠

$$|\Psi_{\text{AB}}\rangle = \frac{1}{\sqrt{2}}(|0_{\text{A}}0_{\text{B}}\rangle + |1_{\text{A}}1_{\text{B}}\rangle) \tag{5.13}$$

其中，下标 A 和 B 分别表示该粒子属于爱丽丝和鲍勃。假设 (5.13) 式所示最大纠缠态由第三方查理所制备，其通过量子信道将两个粒子分别发送给爱丽丝和鲍勃。过程如图 5.5 所示：两个粒子先通过一个公共的振幅阻尼信道，然后分别通

过两个无噪声的私密量子信道。由于公共信道的连续两次使用，需要考虑关联效应。因此，在纠缠分发过程中，受到了关联振幅阻尼噪声的影响。

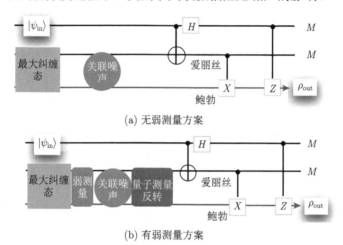

(a) 无弱测量方案

(b) 有弱测量方案

图 5.4　关联振幅阻尼噪声下的量子隐形传态线路图 (a) 和在弱测量及量子测量反转的辅助下, 提高关联振幅阻尼噪声下量子隐形传态保真度的线路图 (b)

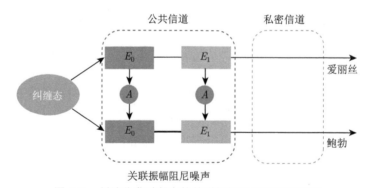

图 5.5　纠缠分发过程中的关联振幅阻尼噪声示意图

每个量子比特将通过带有关联振幅阻尼噪声的公共信道和没有噪声的私密信道。在公共信道中，算子 A 表示在连续信道使用的时间尺度上不衰减的相关性，而 $E_i(i = 0,1)$ 是振幅阻尼噪声的 Kraus 算符。垂直剪头表示第一个量子比特与通道的相互作用对第二个量子比特的影响

两个粒子在关联振幅阻尼噪声下的动力学演化可以通过算子和 $\varepsilon_{\mathrm{CAD}}$ 描述[34]

$$\varepsilon_{\mathrm{CAD}}\left(\rho\right) = (1-\eta) \sum_{i,j=0}^{1} E_{ij} \rho E_{ij}^{\dagger} + \eta \sum_{k=0}^{1} A_k \rho A_k^{\dagger} \tag{5.14}$$

其中，η 为关联因子，且 $0 \leqslant \eta \leqslant 1$。显然，当 $\eta = 0$ 时，对应于无关联振幅阻尼通道；当 $\eta = 1$ 时，对应的是完全关联振幅阻尼噪声。$E_{ij} = E_i \otimes E_j (i, j = 0,1)$

是单个量子比特振幅阻尼噪声 Kraus 算子的张量积。对应的 Kraus 算子为

$$
E_0 = \begin{pmatrix} 1 & 0 \\ 0 & \sqrt{1-\gamma} \end{pmatrix}, \quad E_1 = \begin{pmatrix} 0 & \sqrt{\gamma} \\ 0 & 0 \end{pmatrix} \tag{5.15}
$$

式中，参数 γ 为振幅阻尼信道的退相干系数，$0 \leqslant \gamma \leqslant 1$。通过求解关联 Lindblad 方程 [35]，可以得到 A_k 的表达式

$$
A_0 = \begin{pmatrix} 1 & 0 & 0 & 0 \\ 0 & 1 & 0 & 0 \\ 0 & 0 & 1 & 0 \\ 0 & 0 & 0 & \sqrt{1-\gamma} \end{pmatrix}, \quad A_1 = \begin{pmatrix} 0 & 0 & 0 & \sqrt{\gamma} \\ 0 & 0 & 0 & 0 \\ 0 & 0 & 0 & 0 \\ 0 & 0 & 0 & 0 \end{pmatrix} \tag{5.16}
$$

由 (5.14)~(5.16) 式可以得到 (5.13) 式所示的初始共享态在关联振幅阻尼噪声作用下的演化，可表示为

$$
\varepsilon_{\mathrm{CAD}}(\rho) = \frac{1}{2} \begin{pmatrix} 1 + \bar{\eta}\gamma^2 + \eta\gamma & 0 & 0 & \bar{\eta}\bar{\gamma} + \eta\sqrt{\bar{\gamma}} \\ 0 & \bar{\eta}\gamma\bar{\gamma} & 0 & 0 \\ 0 & 0 & \bar{\eta}\gamma\bar{\gamma} & 0 \\ \bar{\eta}\bar{\gamma} + \eta\sqrt{\bar{\gamma}} & 0 & 0 & \bar{\eta}\bar{\gamma}^2 + \eta\bar{\gamma} \end{pmatrix} \tag{5.17}
$$

其中，$\bar{\eta} = 1 - \eta$，$\bar{\gamma} = 1 - \gamma$，并且 $\rho_0 = |\Psi_{\mathrm{AB}}\rangle \langle \Psi_{\mathrm{AB}}|$。

经过图 5.4(a) 所示的量子隐形传态过程，鲍勃最终得到输出态

$$
\rho_{\mathrm{out}} = \begin{pmatrix} \rho_{11} & \rho_{12} \\ \rho_{21} & \rho_{22} \end{pmatrix} \tag{5.18}
$$

其中，

$$
\rho_{11} = \sin^2 \frac{\theta}{2} \bar{\eta}\gamma\bar{\gamma} + \cos^2 \frac{\theta}{2}(1 - \bar{\eta}\gamma\bar{\gamma})
$$

$$
\rho_{22} = \cos^2 \frac{\theta}{2} \bar{\eta}\gamma\bar{\gamma} + \sin^2 \frac{\theta}{2}(1 - \bar{\eta}\gamma\bar{\gamma}) \tag{5.19}
$$

$$
\rho_{12} = \cos \frac{\theta}{2} \sin \frac{\theta}{2} \mathrm{e}^{-\mathrm{i}\phi}(\bar{\eta}\bar{\gamma} + \eta\sqrt{\bar{\gamma}})
$$

$$
\rho_{21} = \sin \frac{\theta}{2} \cos \frac{\theta}{2} \mathrm{e}^{\mathrm{i}\phi}(\bar{\eta}\bar{\gamma} + \eta\sqrt{\bar{\gamma}})
$$

噪声下量子隐形传态的可靠性通常用保真度来衡量，其量度了最终隐形传送得到的态 ρ_{out} 与初始态 $|\Psi_{\text{in}}\rangle$ 之间的重叠

$$F(\theta,\phi) = \langle\Psi_{\text{in}}|\rho_{\text{out}}|\Psi_{\text{in}}\rangle \tag{5.20}$$

由 (5.12)，(5.18)~(5.20) 式，可以得出保真度的解析表达式

$$F(\theta,\phi) = 1 - \bar{\eta}\bar{\gamma}\gamma + \frac{1}{2}\sin^2\theta(\bar{\eta}\bar{\gamma} + \eta\sqrt{\bar{\gamma}} + 2\bar{\eta}\bar{\gamma}\gamma - 1) \tag{5.21}$$

这里，保真度 $F(\theta,\phi)$ 取决于初始参数 θ。考虑到一般情况下隐形传送的态 $|\Psi_{\text{in}}\rangle$ 是未知的，故计算其平均保真度

$$F_{\text{av}} = \frac{1}{4\pi}\int_0^\pi \mathrm{d}\theta \int_0^{2\pi} \mathrm{d}\phi F(\theta,\phi)\sin\theta \tag{5.22}$$

将 (5.21) 式代入 (5.22) 式，可以得到平均保真度

$$F_{\text{av}} = 1 - \frac{1}{3}(1 + \bar{\eta}\bar{\gamma}\gamma - \bar{\eta}\bar{\gamma} - \eta\sqrt{\bar{\gamma}}) \tag{5.23}$$

　　噪声影响下量子隐形传态的平均保真度随退相干强度 γ 和关联因子 η 的变化规律，如图 5.6 所示。正如人们所料，在无关联噪声的情况下 (即 $\eta = 0$)，退相干强度 γ 从 0 增加到 1 时，平均保真度从 1 减为了 2/3。有趣的是，发现关联效应在噪声隐形传态中起着重要的作用。如图 5.7 所示，对于给定的 γ，平均保真度随 η 值的增加而提高。这一结果意味着关联效应可以提高振幅阻尼噪声影响下的量子隐形传态的平均保真度。

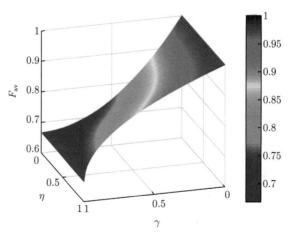

图 5.6　平均保真度 F_{av} 随退相干强度 γ 和关联因子 η 的变化曲线 (扫二维码见彩图)

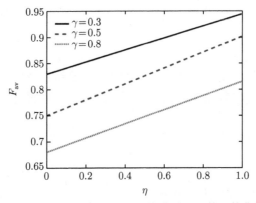

图 5.7　平均保真度 F_{av} 关于关联因子 η 的函数曲线

5.2.2　利用弱测量及量子测量反转提高量子隐形传态保真度的方案

5.2.1 节讨论了关联振幅阻尼噪声对量子隐形传态的影响, 发现尽管关联效应会提高量子隐形传态的保真度, 但是噪声的不利影响仍然存在。本节, 将借助于弱测量和量子测量反转技术以消除无关联振幅阻尼和关联振幅阻尼噪声的不利影响, 进而提高噪声下量子隐形传态的保真度。如图 5.4(b) 所示, 在遭受关联振幅阻尼噪声之前, 先对爱丽丝和鲍勃共享的态 $|\Psi_{\mathrm{AB}}\rangle$ 进行弱测量操作 (由查理执行); 之后, 爱丽丝和鲍勃分别执行量子测量反转操作。这一系列的操作可以表示为

$$\rho_{\mathrm{QMR}} = M_{\mathrm{QMR}} \left[\varepsilon_{\mathrm{CAD}} \left(M_{\mathrm{WM}} \rho_0 M_{\mathrm{WM}}^{\dagger} \right) \right] M_{\mathrm{QMR}}^{\dagger} \tag{5.24}$$

其中, $\rho_0 = |\Psi_{\mathrm{AB}}\rangle\langle\Psi_{\mathrm{AB}}|$, M_{WM} 和 M_{QMR} 是非幺正算子, 可表示如下:

$$M_{\mathrm{WM}} = \begin{pmatrix} 1 & 0 \\ 0 & \sqrt{1-p} \end{pmatrix}_{\mathrm{A}} \otimes \begin{pmatrix} 1 & 0 \\ 0 & \sqrt{1-p} \end{pmatrix}_{\mathrm{B}} \tag{5.25}$$

$$M_{\mathrm{QMR}} = \begin{pmatrix} \sqrt{1-q} & 0 \\ 0 & 1 \end{pmatrix}_{\mathrm{A}} \otimes \begin{pmatrix} \sqrt{1-q} & 0 \\ 0 & 1 \end{pmatrix}_{\mathrm{B}} \tag{5.26}$$

这里, p 和 q 分别为弱测量和量子测量反转的强度, $0 \leqslant p, q \leqslant 1$。对于 $0 < p < 1$, 它表示弱测量不会使量子态完全坍缩为态 $|00\rangle$, 而 $0 < q < 1$ 表示测量后的态仍可恢复。注意到, 弱测量和量子测量反转都是局域操作算符, 因此它不需要爱丽丝和鲍勃在同一个地方。有趣的是, 量子测量反转可以写为

$$\begin{pmatrix} \sqrt{1-q} & 0 \\ 0 & 1 \end{pmatrix} = \sigma_x \begin{pmatrix} 1 & 0 \\ 0 & \sqrt{1-q} \end{pmatrix} \sigma_x \tag{5.27}$$

其中，$\sigma_x = |0\rangle\langle 1| + |1\rangle\langle 0|$ 是比特翻转操作。这个等式意味着量子测量反转由三个局域操作构成：比特翻转操作、弱测量和再次比特翻转操作。弱测量已经在光子量子比特 [41,162] 和超导量子比特 [159] 中实现。例如，如参考文献 [41,162] 所示，弱测量由用于光子偏振量子比特的布儒斯特角玻璃片 (BAGP) 实现。布儒斯特角玻璃片以一定概率反射垂直偏振光子，完全透过水平偏振光子，其与弱测量作用完全相同。

由 (5.13) 式和 (5.24) 式，共享纠缠态的最终形式可以写为

$$
\rho_{\mathrm{QMR}} = \frac{1}{N} \begin{pmatrix} \dfrac{\bar{q}^2 U}{1+\bar{p}^2} & 0 & 0 & \dfrac{\bar{q}^2 X}{1+\bar{p}^2} \\ 0 & \dfrac{\bar{q}^2 V}{1+\bar{p}^2} & 0 & 0 \\ 0 & 0 & \dfrac{\bar{q}^2 V}{1+\bar{p}^2} & 0 \\ \dfrac{\bar{q} X}{1+\bar{p}^2} & 0 & 0 & \dfrac{W}{1+\bar{p}^2} \end{pmatrix} \tag{5.28}
$$

其中，$U = 1 + \bar{p}^2\left(\bar{\eta}\gamma^2 + \eta\gamma\right)$，$V = \bar{p}^2\bar{\eta}\gamma\bar{\gamma}$，$W = \bar{p}^2\left(\bar{\eta}\bar{\gamma}^2 + \eta\bar{\gamma}\right)$，$X = \bar{p}(\bar{\eta}\bar{\gamma} + \eta\sqrt{\bar{\gamma}})$。$N = \dfrac{\bar{q}^2 U + 2\bar{q}V + W}{1+\bar{p}^2}$ 是归一化因子。然后通过图 5.4(b) 所示的量子隐形传态过程，鲍勃持有的最终传送态为

$$
\rho'_{\mathrm{out}} = \begin{pmatrix} \rho'_{11} & \rho'_{12} \\ \rho'_{21} & \rho'_{22} \end{pmatrix} \tag{5.29}
$$

其中，

$$
\rho'_{11} = \cos^2\frac{\theta}{2}\frac{\bar{q}^2 U + W}{\bar{q}^2 U + 2\bar{q}V + W} + 2\sin^2\frac{\theta}{2}\frac{\bar{q}V}{\bar{q}^2 U + 2\bar{q}V + W}
$$

$$
\rho'_{22} = \sin^2\frac{\theta}{2}\frac{\bar{q}^2 U + W}{\bar{q}^2 U + 2\bar{q}V + W} + 2\cos^2\frac{\theta}{2}\frac{\bar{q}V}{\bar{q}^2 U + 2\bar{q}V + W} \tag{5.30}
$$

$$
\rho'_{12} = 2\cos\frac{\theta}{2}\sin\frac{\theta}{2}\mathrm{e}^{-\mathrm{i}\phi}\frac{\bar{q}X}{\bar{q}^2 U + 2\bar{q}V + W}
$$

$$
\rho'_{21} = 2\cos\frac{\theta}{2}\sin\frac{\theta}{2}\mathrm{e}^{\mathrm{i}\phi}\frac{\bar{q}X}{\bar{q}^2 U + 2\bar{q}V + W}
$$

由 (5.20) 和 (5.30) 式，可以得到保真度为

$$
F'(\theta,\phi) = \frac{\bar{q}^2 U + W}{\bar{q}^2 U + 2\bar{q}V + W} - \frac{1}{2}\sin^2\theta\frac{\bar{q}^2 U - 2\bar{q}V - 2\bar{q}X + W}{\bar{q}^2 U + 2\bar{q}V + W} \tag{5.31}
$$

相应地，平均保真度为

$$F'_{\mathrm{av}} = \frac{2\left(\bar{q}^2 U + \bar{q} V + \bar{q} X + W\right)}{3\left(\bar{q}^2 U + 2\bar{q} V + W\right)} \tag{5.32}$$

现在，详细分析该情况下的平均保真度 F'_{av}。首先，为了使 F'_{av} 达到最大值，需要选择最佳的量子测量反转强度 q。这可以通过计算以下条件：$\dfrac{\partial F'_{\mathrm{av}}}{\partial q} = 0$ 和 $\dfrac{\partial^2 F'_{\mathrm{av}}}{(\partial q)^2} < 0$ 获得，结果如下：

$$q = 1 - \sqrt{\frac{W}{U}} \tag{5.33}$$

因此，最佳平均传送保真度为

$$F_{\mathrm{av}}^{\mathrm{opt}} = \frac{2W + (V + X)\sqrt{\dfrac{W}{U}}}{3\left(W + V\sqrt{\dfrac{W}{U}}\right)} \tag{5.34}$$

图 5.8 给出了在弱测量和量子测量反转的辅助下，振幅阻尼噪声下最佳平均保真度关于退相干系数的函数曲线。很明显，如果不执行弱测量和量子测量反转（即 $p = 0$，$q = 0$），平均保真度随着 γ 的增加而迅速降低，如图 5.8 中虚线所示。然而，当引入弱测量和量子测量反转时，平均保真度可以得到提高。特别是，弱测量的强度 p 越大，平均保真度就越大。$\gamma = 0.5$ 时，不同的关联因子下 $F_{\mathrm{av}}^{\mathrm{opt}}$ 关于弱测量强度 p 的函数曲线，如图 5.9 所示，其能更清楚地描述弱测量强度 p 的作用。弱测量和量子测量反转的加入使得在关联噪声的基础上亦能够进一步提高平均保真度。当 $\eta = 0$ 或 1 时，不管 γ 值如何，最大可达保真度均接近 1。而对于中间情况 $0 < \eta < 1$，$F_{\mathrm{av}}^{\mathrm{opt}}$ 的最大值小于 1。这一现象的解释可以理解如下。由 (5.14) 式可知，对于无关联振幅阻尼噪声，耗散过程为 $|11\rangle \to (|10\rangle, |01\rangle) \to |00\rangle$。对于完全关联振幅阻尼噪声，耗散过程为 $|11\rangle \to |00\rangle$。也就是说，在无关联振幅阻尼和完全关联振幅阻尼通道中，消相干过程中只有一个耗散通道，上述特性保证了量子测量反转操作可以恢复退相干前的初始信息。然而，对于一般的关联振幅阻尼通道 $(0 < \eta < 1)$，量子测量反转不能准确区分这两个耗散信道，因此保真度不能达到 1。为了更清楚地说明这一现象，绘制了图 5.10 展示最大可达到的保真度和关联因子 η 之间的依赖关系。很明显，在给定 γ 的条件下，保真度不再是 η 的单调函数。

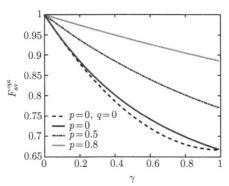

图 5.8 $\eta = 0$ 时，对于不同的弱测量强度 p，最佳平均保真度 $F_{\mathrm{av}}^{\mathrm{opt}}$ 关于退相干系数 γ 的函
数曲线

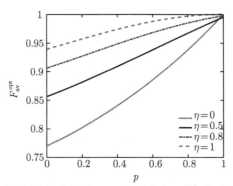

图 5.9 $\gamma = 0.5$ 时，对于不同的关联因子 η，平均保真度 $F_{\mathrm{av}}^{\mathrm{opt}}$ 关于弱测量强度 p 的函数曲线

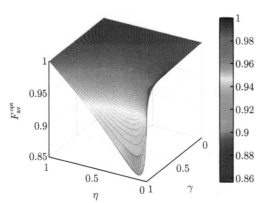

图 5.10 $p = 0.99$ 时，平均保真度 $F_{\mathrm{av}}^{\mathrm{opt}}$ 关于退相干强度 γ 和关联因子 η 的函数曲线 (扫二
维码见彩图)

综上所述，提出了关联振幅阻尼噪声下提高量子隐形传态保真度，改善信息传输效率的方案。首先，讨论了关联效应对量子隐形传态的影响，发现关联效应也是量子隐形传态的有利资源。随后，展示了利用弱测量和量子测量反转提高平均保真度的方案。有趣的是，通过对弱测量和量子测量反转的强度进行优化，弱测量和量子测量反转的结合几乎可以完全抑制关联振幅阻尼退相干。这里的结果亦将有助于在其他量子信息处理任务（如量子密钥分发）中对抗关联振幅阻尼退相干。

5.3　提高振幅阻尼噪声下隐形传输量子 Fisher 信息的方案

Bennett 等首先提出的量子隐形传态是借助于共享纠缠把未知量子态从一个地方精确传送到另一个地方的过程 [6]。此迷人的方案超越了经典方法所能达到的保真度上限，因此受到了广泛关注 (请参见综述 [10] 和其中的参考文献)。然而，两体最大纠缠态总是会受到环境噪声的影响，从而演变为混合态，这就造成纠缠的衰减甚至消失 [100,101]。研究证实，各种类型的噪声均会使得纠缠衰减进而导致保真度的降低 [92,165,227,228-231]。

作为量度特定参数估计数精度的物理量，量子 Fisher 信息 (quantum Fisher information) 是量子参数估计理论的核心。量子克拉美–罗定理断言，量子 Fisher 信息的逆表征了参数估计中最终可达到的精度 [232]。在过去的几年,由于量子度量学的快速发展，量子 Fisher 信息引起了相当大的关注 [132,233-236]。而且，作为衡量量子态中参数信息含量的重要手段，量子 Fisher 信息在纠缠检测 [237-240]、量子相变 [241] 和量子隐形传态 [242,243] 等应用中起着关键的作用。

在许多情况下，例如在量子度量学中，人们感兴趣的是由量子 Fisher 信息刻画的编码在量子态某一参数上的信息，而非整个量子态。从节省物理资源的角度来看，明智的方法是传送此参数的量子 Fisher 信息而不是整个量子态。注意到，量子 Fisher 信息是一种脆弱的资源，各种退相干会造成其衰减 [244,245]。为了解决这个难题，人们已经做了很多努力来保护量子 Fisher 信息免受退相干的影响 [246-249]。但是，目前鲜少有关于在环境噪声下隐形传送量子 Fisher 信息的详细研究 [250-252]。尤其是，很少有文献报道如何增强噪声信道中传送量子 Fisher 信息的方法 [212]。

除了蒸馏 [253] 和动力学解耦 [254] 等传统方案外，一种较新的对抗退相干的方法是使用量子弱测量 [42,153,158,255]。作为广义的冯·诺依曼测量，弱测量不会完全破坏目标态从而保持态的可逆性。通过噪声通道后，可以通过合适的量子测量反转操作来恢复初始信息。此外，弱测量在超导相位量子比特 [159,163] 以及光量子比特 [41,157] 中的实验可行性，使该方法成为规避耗散退相干的绝佳策略。令人感兴趣的另一项强大技术是环境辅助测量，它是环境辅助纠错方法的一种概率性推广[44]。环境辅助测量方案中的关键思想是监视耦合到系统的噪声环境，根据其结果在系统上执行量子测量反转操作，以恢复初始态。

基于上述考虑，提出了以初始共享 Werner 态作为物理资源，在振幅阻尼退相干下增强量子 Fisher 信息隐形传送能力的两个方案。它们都可以解决振幅阻尼退相干的问题，并增强量子 Fisher 信息的传送能力。详细的比较表明，尽管第一种方案的效率在很大程度上取决于前弱测量强度，但在综合考虑了隐形传送的量子 Fisher 信息和成功概率的情况下，后一种方案的整体性能优于前一种。根本原因是环境辅助测量是一种后测量，它从系统和环境中提取了比前弱测量还要多的信息。

与其他致力于量子 Fisher 信息隐形传送的参考文献 [212,242,243,250,252] 中的方案相比，本工作的亮点如下：①最初共享的纠缠态是退化的贝尔态，即 Werner 态，它在纠缠纯化[256]和非局域性[164]中起着重要作用；②除了使用弱测量增强量子 Fisher 信息的隐形传送外，还创新地使用环境辅助测量来更好地增强量子 Fisher 信息的隐形传送。考虑到量子 Fisher 信息在量子参数估计中的重要性以及实际情况中不可避免的噪声，这里的工作为抵抗退相干和维持量子 Fisher 信息隐形传送的高效性提供了一种积极的方法。很自然地，这些方案的基本思想在许多经受振幅阻尼退相干的其他量子信息处理任务中也很有用。

5.3.1　基础知识

1. 量子 Fisher 信息

量子 Fisher 信息量化了量子态相对于某个参数的变化速度。它是经典 Fisher 信息的推广，定义为

$$F_\phi = \mathrm{Tr}\left(\rho_\phi \mathcal{L}_\phi^2\right) = \mathrm{Tr}\left[\left(\partial_\phi \rho_\phi\right) \mathcal{L}_\phi\right] \tag{5.35}$$

其中，$\mathcal{L}_\phi$ 是所谓的对称对数导数，$\partial_\phi \rho_\phi = \dfrac{\mathcal{L}_\phi \rho_\phi + \rho_\phi \mathcal{L}_\phi}{2}$，$\partial_\phi = \dfrac{\partial}{\partial \phi}$。最直接的计算量子 Fisher 信息的方法是把量子态对角化，即 $\rho_\phi = \sum\limits_n \lambda_n |\psi_n\rangle\langle\psi_n|$。这样，可以把量子 Fisher 信息重新写为[257,258]

$$F_\phi = \sum_n \frac{\left(\partial_\phi \lambda_n\right)^2}{\lambda_n} + 4\sum_n \lambda_n \langle \partial_\phi \psi_n | \partial_\phi \psi_n \rangle - \sum_{n,m} \frac{8\lambda_n \lambda_m}{\lambda_n + \lambda_m} \left|\langle \psi_n | \partial_\phi \psi_m \rangle\right|^2 \tag{5.36}$$

对于单量子比特态，Zhong 等[259]得到了计算量子 Fisher 信息的一种简单明了的表达式

$$F_\phi = \begin{cases} |\partial_\phi \boldsymbol{r}|^2 + \dfrac{(\boldsymbol{r} \cdot \partial_\phi \boldsymbol{r})^2}{1 - |\boldsymbol{r}|^2}, & |\boldsymbol{r}| < 1 \\ |\partial_\phi \boldsymbol{r}|^2, & |\boldsymbol{r}| = 1 \end{cases} \tag{5.37}$$

其中，$\boldsymbol{r} = (r_x, r_y, r_z)^{\mathrm{T}}$ 是单个量子比特态 $\rho = \dfrac{1}{2}(1 + \boldsymbol{r} \cdot \hat{\boldsymbol{\sigma}})$ 的 Bloch 矢量，$\hat{\boldsymbol{\sigma}} = (\hat{\sigma}_x, \hat{\sigma}_y, \hat{\sigma}_z)$ 是泡利矩阵。

2. 环境辅助测量

假设环境处于真空态 $|0\rangle_{\mathrm{E}}$，那么整个系统 (包括量子比特系统和环境) 态的演化可以由一个幺正算符表示 $\rho_{\mathrm{tot}} = U(\rho_{\mathrm{S}}(0) \otimes |0\rangle_{\mathrm{E}}\langle 0|) U^\dagger$，其中，$\rho_{\mathrm{S}}(0)$ 是系统的初态。可以通过对环境自由度取迹来获得系统的约化密度矩阵 ρ_{S}

$$\rho_{\mathrm{S}} = \sum_n {}_{\mathrm{E}}\langle n|U|0\rangle_{\mathrm{E}} \rho_{\mathrm{S}}(0) {}_{\mathrm{E}}\langle 0|U^\dagger|n\rangle_{\mathrm{E}} = \sum_n E_n \rho_{\mathrm{S}}(0) E_n^\dagger \tag{5.38}$$

其中，$E_n = {}_{\mathrm{E}}\langle n|U|0\rangle_{\mathrm{E}}$ 是所谓的 Kraus 算符，$\{|n\rangle_{\mathrm{E}}\}$ 是环境的完备基。

环境辅助测量的物理图像如下：用一个探测器监测环境的激发变化。当探测到第 n 个结果时，系统则被投影到与第 n 个结果关联的态 $\rho_{\mathrm{S}}^{nth} = E_n \rho_{\mathrm{S}}(0) E_n^\dagger$ (此处还有一个归一化因子未明确写出)。文中考虑的单个量子比特系统的振幅阻尼噪声的 Kraus 算符 [31] 为

$$E_0 = \begin{pmatrix} 1 & 0 \\ 0 & \sqrt{\bar{\gamma}} \end{pmatrix}, \quad E_1 = \begin{pmatrix} 0 & \sqrt{\gamma} \\ 0 & 0 \end{pmatrix} \tag{5.39}$$

其中，$\gamma \in [0, 1]$ 是振幅阻尼信道的退相干系数。注意到 E_0 与 M_{WM} 的形式相同，也就是说它可以用量子测量反转来恢复。因此，将重点放在以 "无响应" 表示的测量结果（即环境态为 $|0\rangle_{\mathrm{E}}$ 的结果）上，并丢弃其他测量结果，因为它们是不可逆的。简而言之，环境辅助测量的目的是通过选择环境的投影测量使系统被坍缩到一个可逆态。

3. 量子 Fisher 信息的隐形传送

这里，主要考虑输入态 $|\psi_{\mathrm{in}}\rangle$ 中关于特定参数 ϕ 的量子 Fisher 信息隐形传送。

$$|\psi_{\mathrm{in}}\rangle = \cos\frac{\theta}{2}|0\rangle_1 + \mathrm{e}^{\mathrm{i}\phi}\sin\frac{\theta}{2}|1\rangle_1 \tag{5.40}$$

假设要传送的关于参数 ϕ 的量子 Fisher 信息编码在第一个量子比特上。在理想情况下，鲍勃能够在其量子比特上获得 $|\psi_{\mathrm{in}}\rangle$ 的完美复制，因此可获取初始的量子 Fisher 信息值。但是，量子 Fisher 信息的隐形传送不可避免地受到环境噪声的影响。振幅阻尼通道是最典型的通道之一。例如，光子损耗和能量弛豫的过程

均可以表示为振幅阻尼噪声信道，其 Kraus 运算如 (5.39) 式所示。为了消除振幅阻尼噪声的不利影响，本节提出了利用弱测量和环境辅助测量技术来增强量子 Fisher 信息隐形传送的两种方案。

方案如图 5.11 所示。第一种方案基于前置弱测量和后量子测量反转操作的结合。该方案的核心思想是基于弱测量的非完全破坏性且可逆的事实。因此，可以将量子态大部分投影到对环境噪声不敏感的基态，然后通过量子测量反转操作恢复初始量子 Fisher 信息。所以，量子信道设计的操作顺序为弱测量、振幅阻尼噪声和量子测量反转，如图 5.11(a) 所示。第二种方案源于对环境执行量子测量以检测信息的反馈控制思想。根据测量的结果，可以将系统投影到可逆态。然后，执行量子测量反转操作以恢复初始量子 Fisher 信息。环境辅助测量方案的操作顺序为振幅阻尼噪声，环境辅助测量和量子测量反转，如图 5.11(b) 所示。

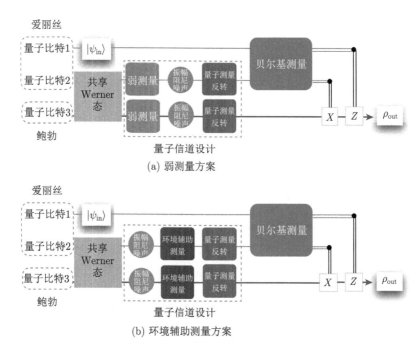

图 5.11   增强量子 Fisher 信息隐形传送的示意图 (扫二维码见彩图)

(a) 在弱测量方案中，信道处理的操作顺序为弱测量，振幅阻尼噪声和量子测量反转；(b) 在环境辅助测量方案中，信道处理的操作顺序为振幅阻尼噪声，环境辅助测量和量子测量反转

5.3.2   利用弱测量及其反转提高量子 Fisher 信息传输效率的方案

考虑信道为第三方查理制备并分布的 Werner 态。Werner 态是最大纠缠态和最大混合态的凸组合。

$$\rho = \eta|\psi^+\rangle_{23}\langle\psi^+| + \frac{1-\eta}{4}I_4 \tag{5.41}$$

其中，$\eta \in [0,1]$, $|\psi^+\rangle = \frac{1}{\sqrt{2}}(|00\rangle + |11\rangle)$, I_4 是一个 4×4 的单位矩阵。下标 2 和 3 分别表示量子隐形传态中涉及的第二个和第三个量子比特。

假设纠缠的分发是量子比特通过振幅阻尼通道完成的。正如人们可能预料的那样，振幅阻尼噪声将造成纠缠的衰减，从而减少量子 Fisher 信息的隐形传输。为了克服这个问题，爱丽丝和鲍勃之间的纠缠通过以下策略建立：在查理将这两个纠缠的量子比特发送给爱丽丝和鲍勃之前，分别对这两个量子比特执行弱测量操作 ($M_{\mathrm{WM}}^{(2)}$ 和 $M_{\mathrm{WM}}^{(3)}$)。在量子比特 2 和 3 通过振幅阻尼信道到达爱丽丝和鲍勃之后，他们又各自对这两个量子比特执行量子测量反转 ($M_{\mathrm{QMR}}^{(2)}$ 和 $M_{\mathrm{QMR}}^{(3)}$)。这一系列的操作可以表示为如下映射：

$$\varepsilon(\rho) = W_{\mathrm{tot}}\left[\sum_{i=0}^{3} K_i(M_{\mathrm{tot}}\rho M_{\mathrm{tot}}^{\dagger})K_i^{\dagger}\right]W_{\mathrm{tot}}^{\dagger} \tag{5.42}$$

其中，$M_{\mathrm{tot}} = M_{\mathrm{WM}}^{(2)} \otimes M_{\mathrm{WM}}^{(3)}$, $W_{\mathrm{tot}} = M_{\mathrm{QMR}}^{(2)} \otimes M_{\mathrm{QMR}}^{(3)}$, $K_0 = E_0^{(2)} \otimes E_0^{(3)}$, $K_1 = E_0^{(2)} \otimes E_1^{(3)}$, $K_2 = E_1^{(2)} \otimes E_0^{(3)}$, $K_3 = E_1^{(2)} \otimes E_1^{(3)}$。最后，爱丽丝和鲍勃共享如下量子态

$$\varepsilon(\rho) = \frac{1}{N}\left(\varrho_{11}|00\rangle_{23}\langle 00| + \varrho_{22}|01\rangle_{23}\langle 01| + \varrho_{33}|10\rangle_{23}\langle 10| \right.$$
$$\left. + \varrho_{44}|11\rangle_{23}\langle 11| + \varrho_{14}|00\rangle_{23}\langle 11| + \varrho_{41}|11\rangle_{23}\langle 00|\right) \tag{5.43}$$

其中，

$$\varrho_{11} = \frac{\left(1 + \eta + \bar{\eta}\bar{p}_2\gamma_2 + \bar{\eta}\bar{p}_1\gamma_1 + (1+\eta)\,\bar{p}_1\bar{p}_2\gamma_1\gamma_2\right)\bar{q}_1\bar{q}_2}{4}$$

$$\varrho_{22} = \frac{\left(\bar{\eta}\bar{p}_2\bar{\gamma}_2 + (1+\eta)\,\bar{p}_1\bar{p}_2\gamma_1\bar{\gamma}_2\right)\bar{q}_1}{4}$$

$$\varrho_{33} = \frac{\left(\bar{\eta}\bar{p}_1\bar{\gamma}_1 + (1+\eta)\,\bar{p}_1\bar{p}_2\bar{\gamma}_1\gamma_2\right)\bar{q}_2}{4}$$

$$\varrho_{44} = \frac{(1+\eta)\,\bar{p}_1\bar{p}_2\bar{\gamma}_1\bar{\gamma}_2}{4}$$

$$\varrho_{14} = \varrho_{41} = \frac{\eta\sqrt{\bar{p}_1\bar{p}_2\bar{\gamma}_1\bar{\gamma}_2\bar{q}_1\bar{q}_2}}{2}$$

$$N = \varrho_{11} + \varrho_{22} + \varrho_{33} + \varrho_{44}$$

在上述表示中, 矩阵 $\varepsilon(\rho)$ 的矩阵元定义为 $\varrho_{mn} = \langle m|\rho|n\rangle$, 并且 $|1\rangle = |00\rangle$, $|2\rangle = |01\rangle$, $|3\rangle = |10\rangle$, $|4\rangle = |11\rangle$, $m, n = 1, 2, 3, 4$。

按照标准的量子隐形传态协议, 可以得到鲍勃接收到的态

$$\rho_{\text{out}} = \frac{1}{N}\begin{pmatrix} \mathcal{A}\cos^2\frac{\theta}{2} + \mathcal{B}\sin^2\frac{\theta}{2} & \mathrm{e}^{-\mathrm{i}\phi}\sin\frac{\theta}{2}\cos\frac{\theta}{2}(\varrho_{14}+\varrho_{41}) \\ \mathrm{e}^{\mathrm{i}\phi}\sin\frac{\theta}{2}\cos\frac{\theta}{2}(\varrho_{14}+\varrho_{41}) & \mathcal{A}\sin^2\frac{\theta}{2} + \mathcal{B}\cos^2\frac{\theta}{2} \end{pmatrix} \tag{5.44}$$

其中, $\mathcal{A} = \varrho_{11} + \varrho_{44}$, $\mathcal{B} = \varrho_{22} + \varrho_{33}$。(5.44) 式所示单比特态对应的 Bloch 矢量为

$$r_x = \frac{1}{N}(\varrho_{14}+\varrho_{41})\sin\theta\cos\phi \tag{5.45}$$

$$r_y = \frac{1}{N}(\varrho_{14}+\varrho_{41})\sin\theta\sin\phi \tag{5.46}$$

$$r_z = \frac{1}{N}(\varrho_{11}+\varrho_{44}-\varrho_{22}-\varrho_{33})\cos\theta \tag{5.47}$$

将 (5.45)~(5.47) 式代入 (5.37) 式即可得到隐形传送的量子 Fisher 信息为

$$F_{\phi,\text{WM}} = \frac{(\varrho_{14}+\varrho_{41})}{N^2}\sin^2\theta \tag{5.48}$$

由于一般的解析表达式太复杂, 在下面的讨论中, 只给出 $p_1 = p_2 = p$, $\gamma_1 = \gamma_2 = \gamma$ 和 $q_1 = q_2 = q$ 的解析表达式。经过简化后, 最优的量子测量反转强度可以通过在 $\partial^2 F_{\phi,\text{WM}}/(\partial q)^2 < 0$ 的条件下解方程 $\partial F_{\phi,\text{WM}}/\partial q = 0$ 得到, 其结果为

$$q_{\text{WM}}^{\text{opt}} = 1 - \sqrt{\frac{B}{A}} \tag{5.49}$$

相应的量子 Fisher 信息为

$$F_{\text{WM}}^{\text{opt}} = \frac{\eta^2\bar{p}^2\bar{\gamma}^2}{(2\sqrt{AB}+C)^2}\sin^2\theta \tag{5.50}$$

其中, $A = \frac{1+\eta}{4}(1+\bar{p}^2\gamma^2) + \frac{1-\eta}{2}\bar{p}\gamma$, $B = \frac{1+\eta}{4}\bar{p}^2\bar{\gamma}^2$ 和 $C = \frac{1-\eta}{2}\bar{p}\bar{\gamma} + \frac{1+\eta}{2}\bar{p}^2\gamma\bar{\gamma}$。

为了证明弱测量和量子测量反转操作对量子 Fisher 信息隐形传送的强大作用,此处给出纯振幅阻尼信道下量子 Fisher 信息隐形传送的结果,如 (5.51) 式所示

$$F_{\phi,\text{AD}} = \eta^2\bar{\gamma}^2\sin^2\theta \tag{5.51}$$

在图 5.12 中，绘制了隐形传送的量子 Fisher 信息关于 γ 和 η 的函数。图 5.12(a) 展示了在无弱测量和量子测量反转操作的情况下，在振幅阻尼信道中隐形传送的量子 Fisher 信息的行为。在图 5.12 的两个子图中，灰色平面表示经典策略实现的隐形传送量子 Fisher 信息的上界，即 $F_{\phi,\mathrm{C}} = 1/9$。我们注意到 $F_{\phi,\mathrm{AD}}$ 并不总是大于 $F_{\phi,\mathrm{C}}$，这意味着在某些区域，量子 Fisher 信息隐形传送的优越性消失了。详细计算表明，当 $\theta = \pi/2$ 时，$F_{\phi,\mathrm{C}} \leqslant \dfrac{1}{9}$ 的边界为 $\eta \leqslant \dfrac{1}{3\bar{\gamma}}$。

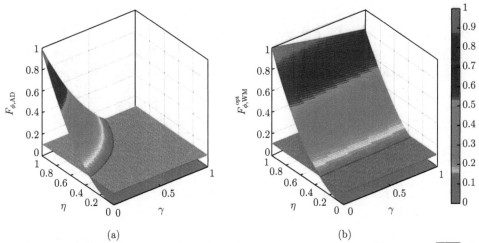

图 5.12   (a) 隐形传送的 $F_{\phi,\mathrm{AD}}$ 关于 γ 和 η 的函数曲线; (b) $p = 0.9$, $q_{\mathrm{WM}}^{\mathrm{opt}} = 1 - \sqrt{B/A}$ 时，$F_{\phi,\mathrm{WM}}^{\mathrm{opt}}$ 关于 γ 和 η 的函数曲线。其他参数 $\theta = \pi/2$(扫二维码见彩图)

灰色的平面表示不利用纠缠的经典状态下可以传送的量子 Fisher 信息上限，即 $F_{\phi,\mathrm{AD}} = 1/9$

人们可能会认为，量子优越性的消失应该归因于爱丽丝和鲍勃之间纠缠的突然死亡。事实并非如此。根据共生纠缠度的定义 [123]，可以得到共生纠缠度等于 $(3\eta - \eta\gamma - \gamma - 1)\bar{\gamma}/2$。当 $\eta \leqslant \dfrac{1+\gamma}{2+\bar{\gamma}}$ 而不是 $\eta \leqslant \dfrac{1}{3\bar{\gamma}}$ 时，纠缠消失，这与人们的期望相反。众所周知，隐形传输态的保真度和相位参数 ϕ 的量子 Fisher 信息都可以通过增加纠缠通道而获得提高。保真度与量子隐形传态中的共享纠缠有直接关系 [260]，然而，隐形传送的量子 Fisher 信息与共享纠缠并没有确切的关系。我们推测，量子 Fisher 信息作为一种量子态参数信息含量的重要度量，比保真度和纠缠度具有更丰富而微妙的物理结构。对该问题的进一步研究正在进行中。

在图 5.12(b) 中，当同时进行弱测量和量子测量反转时，可以清楚地看到隐形传送的量子 Fisher 信息得到明显改善，$F_{\phi,\mathrm{WM}}^{\mathrm{opt}} \leqslant 1/9$ 的面积变小。特别是在严重退相干区域，即 $\gamma \to 1$，当初始参数 $\eta_1 > \dfrac{4 + 3\bar{p}\gamma}{3(4 - \bar{p}\gamma)}$ 时，传输的量子 Fisher

信息仍然大于 $1/9$。在 $p \to 1$ 的极限下，无论退相干参数 γ 如何，量子优势的边界均是 $\eta > 1/3$。增强量子 Fisher 信息传送效率的潜在物理机理需要更深入的研究，我们认为这不能简单归因于纠缠的提高。经过一些计算，可以发现纠缠仅在 $\eta > \dfrac{1+\bar{p}\gamma}{3-\bar{p}\gamma}$ 范围内存在。很容易证明 $\eta_2 - \eta_1 > 0$，说明在量子 Fisher 信息隐形传态的量子优势消失之前，纠缠已经衰减到零。因此，弱测量和量子测量反转对隐形传送量子 Fisher 信息的增强不是由于纠缠的增加，而是由于弱测量的概率性质。

隐形传送的最佳量子 Fisher 信息 $F_{\phi,\mathrm{WM}}^{\mathrm{opt}}$ 主要取决于弱测量的强度。图 5.13(a) 绘制了 $\eta = 0.8$ 时，不同 γ 值下，$F_{\phi,\mathrm{WM}}^{\mathrm{opt}}$ 随 p 的变化曲线。显然 $F_{\phi,\mathrm{WM}}^{\mathrm{opt}}$ 值随 p 的增加而增大。即使在严重退相干的情况下 (如 $\gamma = 0.9$)，只要弱测量足够强，我们的方案仍然有效。当 $p \to 1$ 时，隐形传送的量子 Fisher 信息接近初始值 $F_{\phi} = \eta^2 \sin^2\theta$。

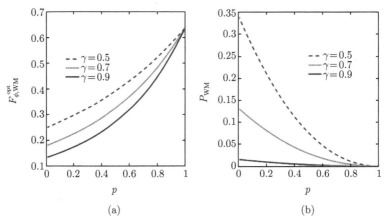

$$\text{(a)} \qquad\qquad\qquad \text{(b)}$$

图 5.13　$\theta = \pi/2$，$q_{\mathrm{WM}}^{\mathrm{opt}} = 1 - \sqrt{B/A}$，$\eta = 0.8$ 时，对于不同的退相干系数 γ，隐形传送的量子 Fisher 信息 $F_{\phi,\mathrm{WM}}^{\mathrm{opt}}$(a) 和成功概率 P_{WM} 关于弱测量强度 p 的函数曲线 (b)

由于弱测量和量子测量反转操作都是非西操作，因此，增强量子 Fisher 信息隐形传送的代价是基于弱测量和量子测量反转的概率性质。成功概率可由下式描述

$$P_{\mathrm{WM}} = 2B + C\sqrt{\dfrac{B}{A}} \tag{5.52}$$

从图 5.13(b) 可以看出，随着弱测量强度的增加，成功的概率减小。$F_{\phi,\mathrm{WM}}^{\mathrm{opt}}$ 值越大，成功概率 P_{WM} 越小。这意味着隐形传送量子 Fisher 信息的提升是以降低成功概率为代价的，这极大地限制了该方法的应用。

5.3.3 利用环境辅助测量提高量子 Fisher 信息传输效率的方案

在本节中，讨论另一种通过环境辅助测量和量子测量反转增强隐形传送量子 Fisher 信息的方案。该方案可以很好地恢复量子 Fisher 信息的初始值，因为后置的环境辅助测量从系统和环境中获得了额外的信息。

如图 5.11(b) 所示，环境辅助测量是在振幅阻尼噪声后对环境进行的，这与振幅阻尼噪声前对系统进行弱测量操作不同。正如在 5.3.1 节中所提到的，在两个量子比特通过振幅阻尼信道时，利用探测器来监测环境的激发子变化。对于振幅阻尼噪声，探测器有三种可能的结果 (即 0 次、1 次、2 次响应)。丢弃有响应的结果 (包括 1 次和 2 次响应)，仅保留与不响应对应的结果。在那之后，系统将被投影到一个与环境处于 $|00\rangle_E$ 态对应的态。然后执行量子测量反转操作恢复系统态。与 5.3.2 节类似，仍然令 $\gamma_1 = \gamma_2 = \gamma$，$q_1 = q_2 = q$，因此，共享态演变为

$$\varepsilon'(\rho) = \frac{1}{M} \begin{pmatrix} \dfrac{(1+\eta)\bar{q}^2}{4} & 0 & 0 & \dfrac{\eta\bar{\gamma}\bar{q}}{2} \\ 0 & \dfrac{(1-\eta)\bar{\gamma}\bar{q}}{4} & 0 & 0 \\ 0 & 0 & \dfrac{(1-\eta)\bar{\gamma}\bar{q}}{4} & 0 \\ \dfrac{\eta\bar{\gamma}\bar{q}}{2} & 0 & 0 & \dfrac{(1+\eta)\bar{\gamma}^2}{4} \end{pmatrix} \tag{5.53}$$

其中，$M = \dfrac{1+\eta}{4}\bar{q}^2 + \dfrac{1-\eta}{2}\bar{\gamma}\bar{q} + \dfrac{1+\eta}{4}\bar{\gamma}^2$。鲍勃获得的态为

$$\rho'_{\text{out}} = \frac{1}{M} \begin{pmatrix} \mathcal{C}\cos^2\dfrac{\theta}{2} + \mathcal{D}\sin^2\dfrac{\theta}{2} & e^{-i\phi}\eta\bar{\gamma}\bar{q}\sin\dfrac{\theta}{2}\cos\dfrac{\theta}{2} \\ e^{i\phi}\eta\bar{\gamma}\bar{q}\sin\dfrac{\theta}{2}\cos\dfrac{\theta}{2} & \mathcal{C}\sin^2\dfrac{\theta}{2} + \mathcal{D}\cos^2\dfrac{\theta}{2} \end{pmatrix} \tag{5.54}$$

其中，$\mathcal{C} = \dfrac{1+\eta}{4}\left(\bar{q}^2 + \bar{\gamma}^2\right)$ $\mathcal{D} = \dfrac{1-\eta}{2}\bar{\gamma}\bar{q}$。对应的 Bloch 矢量为

$$r'_x = \frac{1}{M}\eta\bar{\gamma}\bar{q}\sin\theta\cos\phi \tag{5.55}$$

$$r'_y = \frac{1}{M}\eta\bar{\gamma}\bar{q}\sin\theta\sin\phi \tag{5.56}$$

$$r'_z = \frac{1}{M}(\mathcal{C} - \mathcal{D})\cos\theta \tag{5.57}$$

然后，把 (5.55)~(5.57) 式代入 (5.37) 式，得

$$F_{\phi,\text{EAM}} = \frac{\bar{\gamma}^2\bar{q}^2}{M^2}\eta^2\sin^2\theta \tag{5.58}$$

从图 5.14(a) 中可以看出，即使没有量子测量反转操作，即 $q = 0$，环境辅助测量操作对隐形传送的量子 Fisher 信息亦进行了改善。环境辅助测量和量子测量反转的结合可以进一步改善。选择最优的反转测量强度 q，可以使尽可能多的量子 Fisher 信息从爱丽丝传送到鲍勃。一个直观的策略是使 (5.54) 式所示的最终态尽可能地接近 (5.40) 式所示的初始态。很容易注意到，选择 $q = \gamma$，除了因子 $\bar{\gamma}^2/M$ 外，(5.54) 式所示的态将约化为 (5.40) 式所示的初始态。因此，当满足最优条件 $q = \gamma$ 时，隐形传送的量子 Fisher 信息可以恢复到初始值

$$F_{\phi,\text{EAM}}^{\text{opt}} = \eta^2 \sin^2 \theta \tag{5.59}$$

这也是一个概率方案，在 $q = \gamma$ 条件下的成功概率可以表示为

$$P_{\text{EAM}} = \bar{\gamma}^2 \tag{5.60}$$

正如预期的那样，隐形传送的量子 Fisher 信息越大，成功概率越小，如图 5.14(b) 所示。

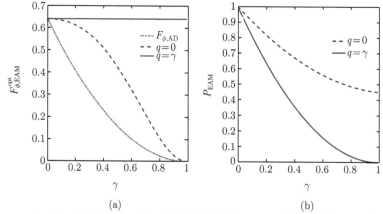

图 5.14　$\eta = 0.8$ 时，对于不同 q 值，隐形传送的量子 Fisher 信息 $F_{\phi,\text{EAM}}^{\text{opt}}$(a) 和成功概率 P_{EAM} 关于退相干系数 γ 的函数曲线 (b)

为了比较，在图 (a) 中用点虚线画出了不加任何操作时噪声下隐形传送的量子 Fisher 信息 $F_{\phi,\text{AD}}$

5.3.4　弱测量方案与环境辅助测量方案的比较

由于弱测量和量子测量反转均是非幺正操作，两种方案都是通过牺牲成功的概率来增加隐形传送的量子 Fisher 信息。隐形传送的量子 Fisher 信息越大，成功概率就越小。为了定量地描述环境辅助测量方案的优越性，引入量子 Fisher 信息平均提高量来衡量隐形传送量子 Fisher 信息的增强和成功概率

$$F_{\text{imp}}^{\text{av}} = F_{\phi,\text{EAM}}^{\text{opt}} \times P_{\text{EAM}} - F_{\phi,\text{WM}}^{\text{opt}} \times P_{\text{WM}} \tag{5.61}$$

其中，下标 "imp" 表示环境辅助测量方案相对于弱测量方案的改进。

图 5.15 展示了 $F_{\text{imp}}^{\text{av}}$ 作为弱测量强度 p 和退相干系数 γ 的函数的行为。值得注意的是，无论弱测量的测量强度 p 和退相干系数 γ 的值如何，$F_{\text{imp}}^{\text{av}}$ 总是正的。这证实了环境辅助测量方案在改善振幅阻尼噪声下量子 Fisher 信息隐形传送效率方面确实优于弱测量方案。这个结果可以理解为：根据图 5.11，两种方案之间最显著的区别在于，弱测量方案是在振幅阻尼噪声之前执行弱测量，但是环境辅助测量方案是在振幅阻尼噪声之后执行环境辅助测量。因此，弱测量只从系统中收集信息，而环境辅助测量同时从环境和系统中收集信息。这导致环境辅助测量获得的信息更多。因此，在改善量子 Fisher 信息的隐形传送效率中，环境辅助测量方案优于弱测量方案。

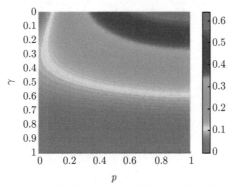

图 5.15　$\eta = 0.8$，$\theta = \pi/2$ 时，$F_{\text{imp}}^{\text{av}}$ 关于退相干系数 γ 和测量强度 p 的等高线图 (扫二维码见彩图)

综上所述，提出了两种在振幅阻尼噪声下以共享 Werner 态作为信道增强量子 Fisher 信息隐形传送的方案。第一种方案结合了量子弱测量及量子测量反转技术，发现这样的方案可以极大地增强隐形传送的量子 Fisher 信息并保持量子优势。在 $p \to 1$ 的极限情况下，几乎可以完全恢复量子 Fisher 信息的初始值，但成功概率很低。第二种方案，借助环境辅助测量及量子测量反转技术，可以完美地恢复最初的量子 Fisher 信息。同时，经过详细的比较得出结论，借助于环境辅助测量的方案在增强隐形传送的量子 Fisher 信息方面全面地超过了弱测量的方案。我们的研究提供了一个新的视角来增强振幅阻尼退相干下隐形传送的量子 Fisher 信息。

5.4　本　章　小　结

本章首先研究了借助弱测量和量子测量反转提高量子态传输保真度的方案。结果表明，前弱测量（即 $p \neq 0$) 的存在使此方案对原子自发辐射、腔和光纤的损耗等消相干过程不敏感。并且，即使在弱耦合条件下，也可以实现可靠的量子态传输。然后，提出了关联振幅阻尼信道下提高量子隐形传态保真度的方案。发现关联效应是量子隐形传态的有利资源，并展示了如何利用弱测量和量子测量反转进一步提高关联振幅阻尼噪声下隐形传态的平均保真度。最后，提出了两种在振幅阻尼信道下增强量子 Fisher 信息隐形传送的方案。第一种方案，结合了量子弱测量及量子测量反转技术，发现这样的方案可以极大地增强隐形传送的量子 Fisher 信息并保持量子优势。第二种方案，借助环境辅助测量及量子测量反转技术，可以完美地恢复最初的量子 Fisher 信息。经过详细的比较发现，借助于环境辅助测量的方案在增强量子 Fisher 信息的隐形传送效率方面有较大的优势。

这些工作为在严重退相干条件下实现量子信息传输提供了一个全新的视角，代价是方案的概率性质。这些结果将有助于在一些量子信息处理任务，如量子密钥分发、量子信息传输中对抗退相干。

参 考 文 献

[1] 曾谨言. 量子力学教程 [M]. 3 版. 北京: 科学出版社, 2003.

[2] Griffiths D J. Introduction to Quantum Mechanics[M]. New Jersey: Pearson Prentice Hall, 2005.

[3] Horodecki R, Horodecki P, Horodecki M, Horodecki K. Quantum entanglement[J]. Rev. Mod. Phys., 2009, 81(2): 865.

[4] Einstein A, Podolsky B, Rosen N. Can quantum-mechanical description of physical reality be considered complete?[J]. Phys. Rev., 1935, 47 (10): 777-780.

[5] Markoff J. Sorry, Einstein. Quantum study suggests "spooky action" is real[J]. The New York Times, 2015, 10: 21.

[6] Bennett C H, Brassard G, Crepeau C, Jozsa R, Peres A, Wootters W K. Teleporting an unknown quantum state via dual classical and Einstein-Podolsky-Rosen channels[J]. Phys. Rev. Lett., 1993, 70: 1895.

[7] Bouwmeester D, Pan J W, Mattle K, Eibl M, Weinfurter H, Zeilinger A. Experimental quantum teleportation[J]. Nature, 1997, 390(6660): 575-579.

[8] Yin J, Ren J G, Lu H, Cao Y, Yong H L, Wu Y P, Liu C, Liao S K, Zhou F, Jiang Y, Cai X D, Xu P, Pan G S, Jia J J, Huang Y M, Yin H, Wang J Y, Chen Y A, Peng C Z, Pan J W. Quantum teleportation and entanglement distribution over 100-kilometre free-space channels[J]. Nature, 2012, 488: 185.

[9] Ma X S, Herbst T, Scheidl T, Wang D Q, Kropatschek S, Naylor W, Wittmann B, Mech A, Kofler J, Anisimova E, Makarov V, Jennewein T, Ursin R, Zeilinger A. Quantum teleportation over 143 kilometres using active feed-forward[J]. Nature, 2012, 489: 269.

[10] Pirandola S, Eisert J, Weedbrook C, Furusawa A, Braunstein S L. Advances in quantum tele portation[J]. Nat. Photonics, 2015, 9(10): 641-652.

[11] Liu X S, Long G L, Tong D M, Li F. General scheme for superdense coding between multiparties[J]. Phys. Rev. A, 2002, 65(2): 022304.

[12] Harrow A, Hayden P, Leung D. Superdense coding of quantum states[J]. Phys. Rev. Lett., 2004, 92(18): 187901.

[13] Wang C, Deng F G, Li Y S, Liu X S, Long G L. Quantum secure direct communication with high-dimension quantum superdense coding[J]. Phys. Rev. A, 2005, 71(4): 044305.

[14] di Vincenzo D P. Quantum computation[J]. Science, 1995, 270(5234): 255-261.

[15] di Vincenzo D P. The physical implementation of quantum computation[J]. Fortschritte der Physik: Progress of Physics, 2000, 48(9-11): 771-783.

[16] Simon D R. On the power of quantum computation[J]. SIAM Journal on Computing, 1997, 26(5): 1474-1483.

[17] Lo H K, Spiller T, Popescu S. Introduction to Quantum Computation and Information[M]. Singapore: World Scientific, 1998.

[18] Ollivier H, Zurek Wojciech H. Quantum discord: a measure of the quantumness of correlations[J]. Phys. Rev. Lett., 2001, 88: 017901.

[19] Henderson L, Vedral V. Classical, quantum and total correlations[J]. J. Phys. A: Math. Theor., 2001, 34: 6899.

[20] Fanchini F F, Werlang T, Brasil C A, Arruda L G E, Caldeira A O. Non-Markovian dynamics of quantum discord[J]. Phys. Rev. A, 2010, 81(5): 052107.

[21] Xiao X, Fang M F, Li Y L, Kang G D, Wu C. Quantum discord in non-Markovian environments[J]. Opt. Commun., 2010, 283(14): 3001-3005.

[22] Datta A, Shaji A, Caves C M. Quantum discord and the power of one qubit[J]. Phys. Rev. Lett., 2008, 100(5): 050502.

[23] Dakić B, Lipp Y O, Ma X, Ringbauer M, Kropatschek S, Barz S, Paterek T, Vedral V, Zeilinger A, Brukner Č, Walther P. Quantum discord as resource for remote state preparation[J]. Nat. Phys., 2012, 8(9): 666-670.

[24] Pirandola S. Quantum discord as a resource for quantum cryptography[J]. Sci. Rep., 2014, 4: 6956.

[25] 吴飚. 简明量子力学 [M]. 北京: 北京大学出版社，2020.

[26] Cirac J I, Zoller P, Kimble H J, Mabuchi H. Quantum state transfer and entanglement distribution among distant nodes in a quantum network[J]. Phys. Rev. Lett., 1997, 78(16): 3221.

[27] Xia X X, Sun Q C, Zhang Q, Pan J W. Long distance quantum teleportation[J]. Quantum Science and Technology, 2017, 3(1): 014012.

[28] Ren J G, Xu P, Yong H L, Zhang L, Liao S K, Yin J, Liu W Y, Cai W Q, Yang M, Li L, Yang K X, Han X, Yao Y Q, Li J, Wu H Y, Wan S, Liu L, Liu D Q, Kuang Y W, He Z P, Shang P, Guo C, Zheng R H, Tian K, Zhu Z C, Liu N L, Lu Z Y, Shu R, Chen Y A, Peng C Z, Wang J Y, Pan J W. Ground-to-satellite quantum teleportation[J]. Nature, 2017, 549(7670): 70-73.

[29] Gardiner C, Zoller P, Zoller P. Quantum Noise: A Handbook of Markovian and non-Markovian Quantum Stochastic Methods With Applications to Quantum Optics[M]. Berlin: Springer Science & Business Media, 2004.

[30] Rivas A, Huelga S F. Open Quantum Systems[M]. Berlin: Springer, 2012.

[31] Nielsen M A , Chuang I L. Quantum Computation and Quantum Information[M]. Cambridge: Cambridge University Press, 2000.

[32] Macchiavello C, Palma G M. Entanglement-enhanced information transmission over a quantum channel with correlated noise[J]. Phys. Rev. A, 2002, 65(5): 050301.

[33] Macchiavello C, Palma G M, Virmani S. Transition behavior in the channel capacity of two-quibit channels with memory[J]. Phys. Rev. A, 2004, 69(1): 010303.

[34] Yeo Y, Skeen A. Time-correlated quantum amplitude-damping channel[J]. Phys. Rev. A, 2003, 67: 064301.

[35] Arshed N, Toor A H. Entanglement-assisted capacities of time-correlated amplitude-damping channel[J]. 2013, arXiv:1307.5403.

[36] Brańczyk M A, Mendonca P E M F, Gilchrist A, Doherty A C, Bartlett S D. Quantum control of a single qubit[J]. Phys. Rev. A, 2007, 75: 012329.

[37] Gillett G G, Dalton R B, Lanyon B P, Almeida M P, Barbieri M, Pryde G J, O'Brien J L, Resch K J, Bartlett S D, White A G. Experimental feedback control of quantum systems using weak measurement[J]. Phys. Rev. Lett., 2010, 104: 080503.

[38] Xiao X, Feng M. Reexamination of the feedback control on quantum states via weak measurements[J]. Phys. Rev. A, 2011, 83(5): 054301.

[39] Aharonov Y, Albert D Z, Vaidman L. How the result of a measurement of a component of the spin of a spin-1/2 particle can turn out to be 100[J]. Phys. Rev. Lett., 1988, 60(14): 1351.

[40] Lloyd S, Slotine J J E. Quantum feedback with weak measurements[J]. Phys. Rev. A, 2000, 62: 012307.

[41] Kim Y S, Cho Y W, Ra Y S, Kim Y H. Reversing the weak quantum measurement for a photonic qubit[J]. Opt. Express, 2009, 17(14): 11978-11985.

[42] Korotkov A N, Keane K. Decoherence suppression by quantum measurement reversal[J]. Phys. Rev. A, 2010, 81: 040103(R) .

[43] Zhao X, Hedemann S R, Yu T. Restoration of a quantum state in a dephasing channel via environment-assisted error correction[J]. Phys. Rev. A, 2013, 88(2): 022321.

[44] Wang K, Zhao X, Yu T. Environment-assisted quantum state restoration via weak measurements[J]. Phys. Rev. A, 2014, 89(4): 042320.

[45] Li Y L, Wei D M, Zu C J. Improving the capacity of quantum dense coding via environment-assisted measurement and quantum measurement reversal[J]. Int. J. Theor. Phys., 2019, 58(1): 1-9.

[46] Trendelkamp-Schroer B, Helm J, Strunz W T. Environment-assisted error correction of single-qubit phase damping[J]. Phys. Rev. A, 2011, 84(6): 062314.

[47] Bennett C H, Wiesner S J. Communincation via one- and two-particle operators on Einstein-Podolsky-Rosen states[J]. Phys. Rev. Lett., 1992, 69: 2881.

[48] Cirac J I, Ekert A K, Huelga S F, Macchiavello C. Distributed quantum computation over noisy channels[J]. Phys. Rev. A, 1998, 59: 4249.

[49] Ekert A K. Quantum cryptography based on Bell's theorem[J]. Phys. Rev. Lett., 1991, 67(6): 661-663.

[50] Bennett C H, Divincenzo D P, Shor P W, Smolin J A, Terhal B M, Wootters W K. Remote state preparation[J]. Phys. Rev. Lett., 2001, 87: 077902.

[51] Wang A M. Combined and controlled remote implementations of partially unknown quantum operations of multiqubits using Greenberger-Horne-Zeilinger states[J]. Phys. Rev. A, 2007, 75: 062323.

[52] Murao M, Jonathan D, Plenio M B, Vedral V. Quantum telecloning and multiparticle entanglement[J]. Phys. Rev. A, 1999, 59: 156.

[53] Kimble H J. The quantum internet[J]. Nature (Lond.), 2008, 453: 1023.

[54] Li Y L, Fang M F, Xiao X, Zeng K, Wu C. Greenberger-Horne-Zeilinger state generation of three atoms trapped in two remote cavities[J]. J. Phys. B: At. Mol. Opt. Phys., 2010, 43: 085501.

[55] Li Y L, Fang M F. Generation of Wn state with three atoms trapped in two remote cavities coupled by an optical fibre[J]. Chin. Phys. B, 2011, 20: 050314.

[56] Mabuchi H, Doherty A C. Cavity quantum electrodynamics: coherence in context[J]. Science, 2002, 298: 1372.

[57] Miller R , Northup T E , Birnbaum K M , Boca A, Boozer A D, Kimble H J. Trapped atoms in cavity QED: coupling quantized light and matter[J]. J. Phys. B: At. Mol. Opt. Phys., 2005, 38: S551.

[58] Duan L M, Kimble H J. Efficient engineering of multi-atom entanglement through single-photon detections[J]. Phys. Rev. Lett., 2003, 90: 253601.

[59] Kraus B, Cirac J I. Discrete entanglement distribution with squeezed light[J]. Phys. Rev. Lett., 2004, 92: 013602.

[60] Peng P, Li F L. Entangling two atoms in spatially separated cavities through both photon emission and absorption processes[J]. Phys. Rev. A, 2007, 75: 062320.

[61] Chen L B, Ye M Y, Lin G W, Du Q H, Lin X M. Generation of entanglement via adiabatic passage[J]. Phys. Rev. A, 2007, 76(6): 062304.

[62] Song J, Xia Y, Song H S. Entangled state generation via adiabatic passage in two distant cavities[J]. J. Phys. B: At. Mol. Opt. Phys., 2007, 40: 4503.

[63] Lü X Y, Liu J B, Ding C L, Li J H. Dispersive atom-field interaction scheme for three-dimensional entanglement between two spatially separated atoms[J]. Phys. Rev. A, 2008, 78: 032305.

[64] Ye S Y, Zhong Z R, Zheng S B. Deterministic generation of three-dimensional entanglement for two atoms separately trapped in two optical cavities[J]. Phys. Rev. A, 2008, 77: 014303.

[65] Dür W, Vidal G , Cirac J I. Three qubits can be entangled in two inequivalent ways[J]. Phys. Rev. A, 2000, 62: 062314.

[66] Karlsson A, Bourennane M. Quantum teleportation using three-particle entanglement[J]. Phys. Rev. A, 1998, 58: 4394.

[67] Durkin G A, Simon C , Bouwmeester D. Multi-photon entanglement concentration and quantum cryptography[J]. Phys. Rev. Lett., 2002, 88: 187902.

[68] Hillery M, Bužek V, Berthiaume A. Quantum secret sharing[J]. Phys. Rev. A, 1999, 59: 1829.

[69] Agrawal P, Pati A. Perfect teleportation and superdense coding with W-states[J]. Phys. Rev. A, 2006, 74: 062320.

[70] Lü X Y, Si L G, Hao X Y, Yang X X. Achieving multipartite entanglement of distant atoms through selective photon emission and absorption processes[J]. Phys. Rev. A, 2009, 79: 052330.

[71] Zheng S B. Gencration of Greenberger-Horne-Zeilinger states for multiple atoms trapped in separated cavities[J]. Eur. Phys. J. D, 2009, 54: 719.

[72] Keller M, Lange B, Hayasaka K, Lange W, Walther H. A calcium ion in a cavity as a controlled single-photon source[J]. New J. Phys., 2004, 6: 95.

[73] Zheng S B , Guo G C. Tunable phase gate for two atoms with an immunity to decoherence[J]. Phys. Rev. A, 2006, 73: 052328.

[74] Zheng S B. Generation of Greenberger-Horne-Zeilinger states for three atoms trapped in a cavity beyond the strong-coupling regime[J]. Phys. Lett. A, 2008, 372: 591.

[75] Pellizzari T. Quantum networking with optical fibres[J]. Phys. Rev. Lett., 1997, 79: 5242.

[76] Serafini A, Mancini S, Bose S. Distributed quantum computation via optical fibers[J]. Phys. Rev. Lett., 2006, 96: 010503.

[77] Zhou Y L, Wang Y M, Liang L M, Li C Z. Quantum state transfer between distant nodes of a quantum network via adiabatic passage[J]. Phys. Rev. A, 2009, 79: 044304.

[78] Yang Z B, Wu H Z, Su W J, Zheng S B. Quantum phase gates for two atoms trapped in separate cavities within the null- and single-excitation subspaces[J]. Phys. Rev. A, 2009, 80: 012305.

[79] Scully M O, Zubairy M S. Quantum Optics[M]. Cambridge: Cambridge University Press, 1997.

[80] Cho J, Lee H W. Generation of atomic cluster states through the cavity input-output process[J]. Phys. Rev. Lett., 2005, 95: 160501.

[81] Ma R, Schliesser A, Del'Haye P, Dabirian A, Kippenberg T J. Radiation-pressure-driven vibrational modes in ultrahigh-Q silica microspheres[J]. Opt. Lett., 2007, 32: 2200.

[82] Pöllinger M, O'Shea D, Warken F, Rauschenbeutel A. Ultrahigh-Q tunable whispering-gallery-mode microresonator[J]. Phys. Rev. Lett., 2009, 103: 053901.

[83] Spillane S M, Kippenberg T J, Vahala K J, Goh K W, Wilcut E, Kimble H J. Ultra-high-Q toroidal microresonators for cavity quantum electrodynamics[J]. Phys. Rev. A, 2005, 71: 013817.

[84] Barclay P E, Srinivasan K, Painter O, Lev B, Mabuchi H. Integration of fiber-coupled high-Q SiN_x microdisks with atom chips[J]. Appl. Phys. Lett., 2006, 89: 131108.

[85] Trupke M, Hinds E A, Eriksson S, Moktadir Z, Kraft M. Microfabricated high-finesse optical cavity with open access and small volume[J]. Appl. Phys. Lett., 2005, 87: 211106.

[86] Yin Z Q, Li F L. Multiatom and resonant interaction scheme for quantum state transfer and logical gates between two remote cavities via an optical fiber[J]. Phys. Rev. A, 2007, 75: 012324.

[87] McKeever J, Boca A, Boozer A D, Buck J R, Kimble H J. A one-atom laser in a regime of strong coupling[J]. Nature (Lond.), 2003, 425: 268.

[88] Duan L M, Cirac J I, Zoller P. Geometric manipulation of trapped Ions for quantum computation[J]. Science, 2001, 292: 1695.

[89] Boca A, Miller R, Birnbaum K M, Boozer A D, McKeever J, Kimble H J. Observation of the vacuum-Rabi spectrum for one trapped atom[J]. Phys. Rev. Lett., 2005, 93: 233603.

[90] Trupke M, Hinds E A, Eriksson S, Curtis E A, Moktadir Z, Kukharenka E, Kraft M. Microfabricated high-finesse optical cavity with open access and small volume[J]. Appl. Phys. Lett., 2005, 87: 211106.

[91] Zheng S B . Quantum communication and entanglement between two distant atoms via vacuum fields[J]. Chin. Phys. B, 2010, 19(6): 064204.

[92] Jung E, Hwang M R, Ju Y H, Kim M S, Yoo S K, Kim K, Park D. Greenberger-Horne-Zeilinger versus W states: quantum teleportation through noisy channels[J]. Phys. Rev. A, 2008, 78: 012312.

[93] Li Y L, Fang M F, Xiao X, Wu C, Hou L Z. Noisy teleportation of qubit states via the Greenberger-Horne-Zeilinger state or the W state[J]. Chin. Phys. B, 2010, 19: 060306.

[94] Zheng S B. Virtual-photon-induced quantum phase gates for two distant atoms trapped in separate cavities[J]. Appl. Phys. Lett., 2009, 94: 154101.

[95] Breuer H P, Petruccione F. The Theory of Open Quantum Systems[M]. Oxford: Oxford University Press, 2002.

[96] Buck J R, Kimble H J. Optimal sizes of dielectric microspheres for cavity QED with strong coupling[J]. Phys. Rev. A, 2002, 67: 033806.

[97] Ye S Y, Zheng S B. Scheme for reliable realization of quantum logic gates for two atoms separately trapped in two distant cavities via optical fibers[J]. Opt. Commun., 2008, 281: 1306.

[98] Zurek W H. Decohenrence, einselection, and the quantum origins of the classical[J]. Rev. Mod. Phys., 2003, 75: 715.

[99] Yu T, Eberly J H. Finite-time disentanglement via spontaneous emission[J]. Phys. Rev. Lett., 2004, 93: 140404.

[100] Yu T, Eberly J H. Sudden death of entanglement[J]. Science, 2009, 323: 598.

[101] Almeida M P, de Melo F, Hor-Meyll M, Salles A, Walborn S P, Souto Ribeiro P H, Davidovich L. Environment-induced sudden death of entanglement[J]. Science, 2007, 316: 579.

[102] Liao X P, Fang J S, Fang M F. Sudden death and revival of entanglement of two qubits coupled collectively to a thermal reservoir[J]. Chin. Phys. B, 2010, 19: 094203.

[103] Braun D. Creation of entanglement by interaction with a common heat bath[J]. Phys. Rev. Lett., 2002, 89: 277901.

[104] Kim M S, Lee J, Ahn D, Knight P L. Entanglement induced by a single-mode heat environment[J]. Phys. Rev. A, 2002, 65: 040101.

[105] Benatti F, Floreanini R, Piani M. Environment induced entanglement in markovian dissipative dynamics[J]. Phys. Rev. Lett., 2003, 91: 070402.

[106] Nicolosi S, Napoli A, Messina A, Petruccione F. Dissipation-induced stationary entanglement in dipole-dipole interacting atomic samples[J]. Phys. Rev. A, 2004, 70: 022511.

[107] Li Y L, Fang M F. High entanglement generation and high fidelity quantum state transfer in a non-Markovian environment[J]. Chin. Phys. B, 2011, 20: 100312.

[108] Li Y L, Huang J S, Xiao X. Environment-induced entanglement for a tripartite system in non-Markovian dissipation[J]. Int. J. Theor. Phys., 2013, 52: 3797.

[109] Gardiner C W, Zoller P. Quantum Noise[M]. Berlin: Springer, 1999.

[110] Lambropoulos P, Nikolopoulos G M, Nielsen T R, Bay S. Fundamental quantum optics in structured reservoirs[J]. Rep. Prog. Phys., 2000, 63: 455.

[111] Piilo J, Maniscalco S, Haerkonen K, Suominen K A. Non-Markovian quantum jumps[J]. Phys. Rev. Lett., 2008, 100: 180402.

[112] Dublin F, Rotter D, Mukherjee M, Russo C, Eschner J, Blatt R. Photon correlation versus interference of single-atom fluorescence in a half-cavity[J]. Phys. Rev. Lett., 2007, 98: 183003.

[113] Lai C W, Maletinsky P, Badolato A, Imamoglu A. Knight-field-enabled nuclear spin polarization in single quantum dots[J]. Phys. Rev. Lett., 2006, 96: 167403.

[114] Breuer H P, Burgarth D, Petruccione F. Non-Markovian dynamics in a spin star system: exact solution and approximation techniques[J]. Phys. Rev. B, 2004, 70: 045323.

[115] Xiao X, Fang M F, Li Y L, Kang G D, Wu C. Non-Markovian entanglement dynamics of two spin-1/2 particles embedded in two separate spin star baths with tunable external magnetic fields[J]. Eur. Phys. J. D, 2010, 57: 447.

[116] Bellomo B, Lo Franco R, Compagno G. Non-Markovian effects on the dynamics of entanglement[J]. Phys. Rev. Lett., 2007, 99: 160502.

[117] Bellomo B, Lo Franco R, Maniscalco S, Compagno G. Entanglement trapping in structured environments[J]. Phys. Rev. A, 2008, 78: 060302(R).

[118] Maniscalco S, Francica F, Zaffino R L, Gullo N L, Plastina F. Protecting entanglement via the quantum zeno effect[J]. Phys. Rev. Lett., 2008, 100: 090503.

[119] Xiao X, Fang M F, Li Y L, Zeng K, Wu C. Robust entanglement preserving by detuning in non-Markovian regime[J]. J. Phys. B: At., Mol. Opt. Phys., 2009, 42(23): 235502.

[120] Huang L Y, Fang M F. Protecting entanglement by detuning: in Markovian environments vs in non-Markovian environments[J]. Chin. Phys. B, 2010, 19: 090318.

[121] Mattle K, Weinfurter H, Kwiat P G, Zeilinger A. Dense coding in experimental quantum communication[J]. Phys. Rev. Lett., 1996, 76: 4656.

[122] Dalton B J, Barnett S M, Garraway B M. Theory of pseudomodes in quantum optical processes[J]. Phys. Rev. A, 2001, 64: 053813.

[123] Wootters W K. Entanglement of formation of an arbitrary state of two qubits[J]. Phys. Rev. Lett., 1998, 80: 2245.

[124] Xiao X, Fang M F, Li Y L. Non-Markovian dynamics of two qubits driven by classical fields: population trapping and entanglement preservation[J]. J. Phys. B: At. Mol. Opt. Phys., 2010, 43: 185505.

[125] Mandel O, Greiner M, Widera A, Rom T, Hänsch T W, Bloch I. Controlled collisions for multi-particle entanglement of optically trapped atoms[J]. Nature, 2003, 425: 937.

[126] Leibfried D, Demarco B, Meyer V, Lucas D, Barrett M, Britton J, Itano W M, Jelenkovi B, Langer C, Rosenband T, Wineland D J. Experimental demonstration of a robust, high-fidelity geometric two ion-qubit phase gate[J]. Nature, 2003, 422: 412.

[127] Christandl M, Datta N, Ekert A, Landahl A J. Perfect state transfer in quantum spin networks[J]. Phys. Rev. Lett., 2004, 92: 187902.

[128] Kane B E. A silicon-based nuclear spin quantum computer[J]. Nature, 1998, 393: 133.

[129] McKeever J, Buck J R, Boozer A D, Kuzmich A, Nägerl H C, Stamper-Kurn D M, Kimble H J. State-insensitive cooling and trapping of single atoms in an optical cavity[J]. Phys. Rev. Lett., 2003, 90: 133602.

[130] Masanes L, Pironio S, Acin A. Secure device-independent quantum key distribution with causally independent measurement devices[J]. Nat. Commun., 2011, 2: 238.

[131] Giovannetti V, Lloyd S, Maccone L. Quantum-enhanced measurements: beating the standard quantum limit[J]. Science, 2004, 306: 1330.

[132] Giovannetti V, Lloyd S, Maccone L. Advances in quantum metrology[J]. Nat. Photonics, 2011, 5: 222.

[133] Li X Y, Pan Q, Jing J T, Zhang J, Xie C D, Peng K C. Quantum dense coding exploiting a bright Einstein-Podolsky-Rosen beam[J]. Phys. Rev. Lett., 2002, 88: 047904.

[134] Monroe C, Meekhof D M, King B E, Wineland D J. A "Schrödinger cat " superposition state of an atom[J]. Science, 1996, 272: 1131.

[135] Laurat J, Choi K S, Deng H, Chou C W, Kimble H J. Heralded entanglement between atomic ensembles: preparation, decoherence, and scaling[J]. Phys. Rev. Lett., 2007, 99: 180504.

[136] Palma G M, Suominen K A, Ekert A K. Quantum computer and dissipation[J]. Proc. R. Soc. Lond. Ser. A, Math. Phys. Sci., 1996, 452: 567.

[137] Monz T, Schindler P, Barreiro J T, Chwalla M, Nigg D, Coish W A, Harlander M, Hänsel W, Hennrich M, Blatt R. 14-qubit entanglement: creation and coherence[J]. Phys. Rev. Lett., 2011, 106: 130506.

[138] Benatti F, Floreanini R. Asymptotic entanglement of two independent systems in a common bath[J]. Int. J. Quantum Inf., 2006, 4: 395.

[139] Oh S, Kim J. Entanglement between qubits induced by a common environment with a gap[J]. Phys. Rev. A, 2006, 73: 062306.

[140] An J H, Wang S J, Luo H G. Entanglement dynamics of qubits in a common environment[J]. Physica A, 2007, 382: 753.

[141] Natali S, Ficek Z. Temporal and diffraction effects in entanglement creation in an optical cavity[J]. Phys. Rev. A, 2007, 75: 042307.

[142] Anastopoulos C, Shresta S, Hu B L. Quantum entanglement under non-Markovian dynamics of two qubits interacting with a common electromagnetic field[J]. Quantum Inf. Process., 2006, 8: 549.

[143] Francica F, Maniscalco S, Piilo J, Plastina F, Suominen K A. Off-resonant entanglement generation in a lossy cavity[J]. Phys. Rev. A, 2009, 79: 032310.

[144] Härkönen K, Plastina F, Maniscalco S. Dicke model and environment-induced entanglement in ion-cavity QED[J]. Phys. Rev. A, 2010, 80: 033841.

[145] Li J Q, Liu J, Liang J Q. Environment-induced quantum correlations in a driven two-qubit system[J]. Physica Scripta, 2012, 85: 065008.

[146] Coffman V, Kundu J, Wootters W K. Distributed entanglement[J]. Phys. Rev. A, 2000, 61: 052306.

[147] Ou Y C, Fan H. Monogamy inequality in terms of negativity for three-qubit states[J]. Phys. Rev. A, 2007, 75: 062308.

[148] Peres A. Separability criterion for density matrices[J]. Phys. Rev. Lett., 1996, 77: 1413.

[149] Li J G, Zou J, Shao B. Non-Markovianity of the damped Jaynes-Cummings model with detuning[J]. Phys. Rev. A, 2010, 81: 062124.

[150] Xiao X, Fang M F, Hu Y M. Protecting the squeezing of a two-level system by detuning in non-Markovian environments[J]. Physica Scripta, 2011, 84: 045011.

[151] Blatt R, Wineland D J. Entagled entangled states of trapped atomic ions[J]. Nature, 2008, 453: 1008.

[152] Knill E, Laflamme R. Power of one bit of quantum information[J]. Phys. Rev. Lett., 1998, 81: 5672.

[153] Lanyon B P, Barbieri M, Almeida M P, White A G. Experimental quantum computing without entanglement[J]. Phys. Rev. Lett., 2008, 101: 200501.

[154] Modi K, Brodutch A, Cable H, Paterek T, Vedral V. The classical-quantum boundary for corre-lations: discord and related measures[J]. Rev. Mod. Phys., 2012, 84: 1655.

[155] Werlang T, Souza S, Fanchini F F, Villas Boas C J. Robustness of quantum discord to sudden death[J]. Phys. Rev. A, 2009, 80: 024103.

[156] Li Y L, Xiao X. Recovering quantum correlations from amplitude damping decohenrence by weak measurement reversal[J]. Quantum Inf. Process., 2013, 12: 3067.

[157] Xiao X, Li Y L. Protecting qutrit-qutrit entanglement by weak measurement and reversal[J]. Eur. Phys. J. D, 2013, 67: 204.

[158] Korotkov A N. Continuous quantum measurement of a double dot[J]. Phys. Rev. B, 1999, 60: 5737.

[159] Korotkov A N, Jordan A N. Undoing a weak quantum measurement of a solid-state qubit[J]. Phys. Rev. Lett., 2006, 97: 166805.

[160] Sun Q Q, Al-Amri M, Zubairy M S. Reversing the weak measurement of an arbitrary fieldwith finitephotonnumber[J]. Phys. Rev. A, 2009, 80: 033838.

[161] Sun Q Q, Al-Amri M, Davidovich L, Zubairy M S. Reversing entanglement change by a weak measurement[J]. Phys. Rev. A, 2010, 82: 052323.

[162] Kim Y S, Lee J C, Kwon O, Kim Y H. Protecting entanglement from decoherence using weak measurement and quantum measurement reversal[J]. Nat. Phys., 2012, 8: 117.

[163] Katz N, Neeley M, Ansmann M, Bialczak R C, Hofheinz M, Lucero E, O'Connell A, Wang H, Celand A N, Martinis J M, Korotkov A N. Reversal of the weak measurement of a quantum state in a superconducting phase qubit[J]. Phys. Rev. Lett., 2008, 101: 200401.

[164] Werner R F. Quantum states with Einstein-Podolsky-Rosen correlations admitting a hidden-variable model[J]. Phys. Rev. A,1989, 40: 4277.

[165] Popescu S. Bells inequalities versus teleportation: what is nonlocality? [J]. Phys. Rev. Lett., 1994, 72: 797.

[166] Zhang Y S, Huang Y F, Li C F, Guo G C. Experimental preparation of the Werner state via spon-taneous parametric down-conversion[J]. Phys. Rev. A, 2002, 66: 062315.

[167] Barbieri M, Martini F D, Nepi G D, Mataloni P. D'Ariano G M, Macchiavello C. Detection of entanglement with polarized photons: experimental realization of an entanglement witness[J]. Phys. Rev. Lett., 2003, 91: 227901.

[168] Man Z X, Xia Y J, An N B. Manipulating entanglement of two qubits in a common environment by means of weak measurements and quantum measurement reversals[J]. Phys. Rev. A, 2012, 86: 012325.

[169] Mair A, Vaziri A, Weihs G, Zeilinger A. Entanglement of orbital angular momentum states of photons[J]. Nature, 2001, 412: 313.

[170] Molina-Terriza G, Vaziri A, Ursin R, Zeilinger A. Experimental quantum coin toss-ing[J]. Phys. Rev. Lett., 2005, 94: 040501.

[171] Inoue R, Yonehara T, Miyamoto Y, Koashi M, Kozuma M. Measuring qutrit-qutrit entanglement of orbital angular momentum states of an atomic ensemble and a pho-ton[J]. Phys. Rev. Lett., 2009, 103: 110503.

[172] Lanyon B P, Weinhold T J, Langford N K, O'Brien J L, Resch K J, Gilchrist A, White A G. Manipulating biphotonic qutrits[J]. Phys. Rev. Lett., 2008, 100: 060504.

[173] Walborn S P, Lemelle D S, Almeida M P, Souto Ribeiro P H. Quantum key distribution with higher-order alphabets using spatially encoded qudits[J]. Phys. Rev. Lett., 2006, 96: 090501.

[174] Nikolopoulos G M, Alber G. Security bound of two-basis quantum-key-distribution protocols using qudits[J]. Phys. Rev. A, 2005, 72: 032320.

[175] Korotkov A N. Entanglement preservation: the sleeping beauty approach[J]. Nat. Phys., 2012, 8: 107.

[176] Hioe F T, Eberly J H. N-level coherence vector and higher conservation laws in quan-tum optics and quantum mechanics[J]. Phys. Rev. Lett., 1981, 47: 838.

[177] Chęcińska A, Wódkiewicz K. Separability of entangled qutrits in noisy channels[J]. Phys. Rev. A, 2007, 76: 052306.

[178] Cheong Y W, Lee S W. Balance between information gain and reversibility in weak measurement[J]. Phys. Rev. Lett., 2012, 109: 150402.

[179] Bennet C H, di Vincenzo D P, Smolin J A, Wootters W K. Mixed-state entanglement and quantum error correction[J]. Phys. Rev. A, 1996, 54: 3824.

[180] Vidal G, Werner R F. Computable measure of entanglement[J]. Phys. Rev. A, 2002, 65: 032314.

[181] Horodecki P. Separability criterion and inseparable mixed states with positive partial transposition[J]. Phys. Lett. A, 1997, 232: 333.

[182] Lloyd S, Shahriar M S, Shapiro J H, Hemmer P R. Long distance, unconditional teleportation of atomic states via complete bell state measurements[J]. Phys. Rev. Lett., 2001, 87: 167903.

[183] Das R, Mitra A, Kumar Vijay S, Kumar A. Quantum information processing by NMR: preparation of pseudopure states and implementation of unitary operations in a single-qutrit system[J]. Int. J. Quantum Inform., 2003, 1: 387.

[184] Li Y L, Huang J S, Xu Z H. Enhancing the quantum state transfer between two atoms in separate cavities via weak measurement and its reversal[J]. Quantum Inf. Process., 2017, 16: 258.

[185] Li Y L, Zu C J, Wei D M. Enhancing teleportation under correlated amplitude damping decoherence by weak measurement and quantum measurement reversal[J]. Quantum Inf. Process., 2019, 18: 2.

[186] Li Y L, Sun F X, Yang J, Xiao X. Enhancing the teleportation of quantum Fisher information by weak measurement and environment-assisted measurement[J]. Quantum Inf. Process., 2021, 20: 55.

[187] Lloyd S. A potentially realizable quantum computer[J]. Science, 1993, 261: 1569.

[188] Chou C W, Laurat J, Deng H, Choi K S, de Riedmatten H, Felinto D, Kimble H J. Functional quantum nodes for entanglement distribution over scalable quantum network[J]. Science, 2007, 316: 1316.

[189] Boozer A D, Miller R, Northup T E, Boca A, Kimble H J. Optical pumping via incoherent Raman transitions[J]. Phys. Rev. A, 2007, 76: 063401.

[190] Zheng S B, Yang Z B, Xia Y. Generation of two-mode squeezed states for two separated atomic ensembles via coupled cavities[J]. Phys. Rev. A, 2010, 81: 015804.

[191] Li W A, Huang G Y. Deterministic generation of a three-dimensional entangled state via quantum Zeno dynamics[J]. Phys. Rev. A, 2011, 83: 022322.

[192] Li W A, Wei L F. Controllable entanglement preparations between atoms in spatially-separated cavities via quantum Zeno dynamics[J]. Opt. Express, 2012, 20: 13440.

[193] Shi Z C, Xia Y, Song J, Song H S. Generation of three-atom singlet state in a bimodal cavity via quantum Zeno dynamics[J]. Quantum Inf. Process., 2013, 12: 411.

[194] Chen Y H, Xia Y, Chen Q Q, Song J. Shortcuts to adiabatic passage for multiparticles in distant cavities: applications to fast and noise-resistant quantum population transfer, entangled states preparation and transition[J]. Laser Phys. Lett., 2014, 11: 115201.

[195] Shan W J, Xia Y, Chen Y H, Song J. Fast generation of N-atom Greenberger-Horne-Zeilinger state in separate coupled cavities via transitionless quantum driving[J]. Quantum Inf. Process., 2016, 15: 2359.

[196] Li Y L, Fang M F, Xiao X, Wu C. Implementation of a remote three-qubit controlled-Z gate for atoms separately trapped in cavities coupled by optical fibres[J]. J. Phys. B At. Mol. Opt. Phys., 2010, 43: 165502.

[197] Shi Z C, Xia Y, Song J, Song H S. One-step implementation of the Fredkin gate via quantum Zeno dynamics[J]. Quantum Inf. Comput., 2012, 12: 215.

[198] Zhang S, Shao X Q, Chen L, Zhao Y F, Yeon K H. Robust gate on nitrogen-vacancy centres via quantum Zeno dynamics[J]. J. Phys. B At. Mol. Opt. Phys., 2011, 44: 075505.

[199] Chen Y H, Xia Y, Chen Q Q, Song J. Fast and noise-resistant implementation of quantum phase gates and creation of quantum entangled states[J]. Phys. Rev. A, 2015, 91: 012325.

[200] Shi Z C, Xia Y, Song J. Atomic quantum state transferring and swapping via quantum Zeno dynamics[J]. J. Opt. Soc. Am. B, 2011, 28: 2909.

[201] Wang S C, Yu Z W, Zou W J, Wang X B. Protecting quantum states from decoherence of finite temperature using weak measurement[J]. Phys. Rev. A, 2014, 89: 022318.

[202] Qiu L, Tang G, Yang X, Wang A. Enhancing teleportation fidelity by means of weak measurements or reversal[J]. Ann. Phys., 2014, 350: 137.

[203] Yao C, Ma Z H, Chen Z H, Serafini A. Robust tripartite-to-bipartite entanglement localization by weak measurements and reversal[J]. Phys. Rev. A, 2012, 86: 022312.

[204] He Z, Yao C, Zou J. Robust state transfer in the quantum spin channel via weak measurement and quantum measurement reversal[J]. Phys. Rev. A, 2013, 88: 044304.

[205] Man Z X, An N B, Xia Y J. Improved quantum state transfer via quantum partially collapsing measurements[J]. Ann. Phys., 2014, 349: 209.

[206] Li Y L, Yao Y, Xiao X. Robust quantum state transfer between two superconducting qubits via partial measurement[J]. Laser Phys. Lett., 2016, 13: 125202.

[207] Sherman J A, Curtis M J, Szwer D J, Allcock D T C, Imreh G, Lucas D M, Sreane A M. Experimental recovery of a qubit from partial collapse[J]. Phys. Rev. Lett., 2013, 111: 180501.

[208] Tan S M. A computational toolbox for quantum and atomic optics[J]. J. Opt. B Quantum Semiclass. Opt., 1999, 1: 424.

[209] Gottesman D, Chuang I L. Demonstrating the viability of universal quantum computation using teleportation and single-qubit operations[J]. Nature, 1993, 402: 390.

[210] Ursin R, Jennewein T, Aspelmeyer M, Kaltenbaek R, Lindenthal M, Wal P. Communications: quantum teleportation across the Danube[J]. Nature, 2004, 430: 849.

[211] Espoukeh P, Pedram P. Quantum teleportation through noisy channels with multi-qubit GHZ states[J]. Quantum Inf. Process., 2014, 13: 1789.

[212] Xiao X, Yao Y, Zhong W J, Li Y L, Xie Y M. Enhancing teleportation of quantum Fisher information by partial measurements[J]. Phys. Rev. A, 2016, 93: 012307.

[213] Li M, Fei S M, Xianqing L J. Quantum entanglement: separability, measure, fidelity of teleportation, and distillation[J]. Adv. Math. Phys., 2010, 2010: 301072.

[214] Bennett C H, Shor P W. Quantum information theory[J]. IEEE Trans. Inf. Theory, 2002, 44: 2724.

[215] Yang Y G, Wen Q Y. Arbitrated quantum signature of classical messages against collective amplitude damping noise[J]. Opt. Commun., 2010, 283: 3198.

[216] Cafaro C, Loock P V. Approximate quantum error correction for generalized amplitude damping errors[J]. Phys. Rev. A, 2014, 89: 022316.

[217] D'Arrigo A, Benenti G, Falci G. Quantum capacity of dephasing channels with memory[J]. New J. Phys., 2007, 9: 310.

[218] Plenio M B, Virmani S. Spin chains and channels with memory[J]. Phys. Rev. Lett., 2007, 99: 120504.

[219] D'Arrigo A, Benenti G, Falci G, Macchiavello C. Classical and quantum capacities of a fully correlated amplitude damping channel[J]. Phys. Rev. A, 2013, 88: 042337.

[220] Caruso F, Giovannetti V, Lupo C, Mancini S. Quantum channels and memory effect[J]. Rev. Mod. Phys., 2014, 86: 1203.

[221] Xiao X, Yao Y, Li Y L, Xie Y M, Wang X H. Protecting entanglement from correlated amplitude damping channel using weak measurement and quantum measurement reversal[J]. Quantum Inf. Process., 2016, 15: 3881.

[222] Koashi M, Ueda M. Reversing measurement and probabilistic quantum error correction[J]. Phys. Rev. Lett., 1999, 82: 2598.

[223] Ashhab S, Nori F. Control-free control: manipulating a quantum system using only a limited set of measurements[J]. Phys. Rev. A, 2010, 82: 062103.

[224] Lee J C, Jeong Y C, Kim Y S, Kim Y H. Experimental demonstration of decoherence suppression by quantum measurement reversal[J]. Opt. Express, 2011, 19: 16309.

[225] Wang Y H, Ma T, Fan H, Fei S M, Wang Z X. Super-quantum correlation and geometry for Bell-diagonal states with weak measurements[J]. Quantum Inf. Process., 2014, 13: 283.

[226] Xu X M, Cheng L Y, Liu A P, Su S L, Wang H F, Zhang S. Environment-assisted entanglement restoration and improvement of the fidelity for quantum teleportation[J]. Quantum Inf. Process., 2015, 14: 4147.

[227] Lee J, Kim M S. Entanglement teleportation via Werner states[J]. Phys. Rev. Lett. 2000, 8: 4236.

[228] Bose S, Vedral V. Mixedness and teleportation[J]. Phys. Rev. A, 2000, 61: 040101(R).

[229] Oh S, Lee S, Lee H. Fidelity of quantum teleportation through noisy channels[J]. Phys. Rev. A, 2002, 66: 022316.

[230] Ozdemir S K, Bartkiewicz K, Liu Y X, Miranowicz A. Teleportation of qubit states through dissipative channels: conditions for surpassing the no-cloning limit[J]. Phys. Rev. A, 2007, 76: 042325.

[231] Knoll L T, Schmiegelow C T, Larotonda M A. Noisy quantum teleportation: an experimental study on the influence of local environments[J]. Phys. Rev. A, 2014, 90: 042332.

[232] Braunstein S L, Caves C M. Statistical distance and the geometry quantum staates[J]. Phys. Rev. Lett., 1994, 72: 3439.

[233] Giovannetti V, Lloyd S, Maccone L. Quantum metrology[J]. Phys. Rev. Lett., 2006, 96: 010401.

[234] Albarelli F, Friel J F, Datta A. Evaluating the Holevo Cramér-Rao Bound for multi-parameter quantum metrology[J]. Phys. Rev. Lett., 2019, 123: 200503.

[235] Rubio J, Dunningham J. Quantum metrology in the presence of limited data[J]. New J. Phys., 2019, 21: 043037.

[236] Yang Y. Memory effects in quantum metrology[J]. Phys. Rev. Lett., 2019, 123: 110501.

[237] Li N, Luo S. Entanglement detection via quantum Fisher information[J]. Phys. Rev. A, 2013, 88: 014301.

[238] Suzuki J. Entanglement detection and parameter estimation of quantum channels[J]. Phys. Rev. A, 2016, 94: 042306.

[239] Akbari-Kourbolagh Y, Azhdargalam M. Entanglement criterion for multipartite systems based on quantum Fisher information[J]. Phys. Rev. A, 2019, 99: 012304.

[240] Li Y, Li P. Detection of genuine N-qubit W state, GHZ state and Twin-Fock state via quantum Fisher information[J]. Phys. Lett. A, 2020, 384: 126413.

[241] Yin S, Song J, Zhang Y, Liu S. Quantum Fisher information in quantum critical systems with topological characterization[J]. Phys. Rev. B, 2019, 100: 184417.

[242] Guo Y N, Zeng K, Chen P X. Teleportation of quantum Fisher information under decoherence channels with memory[J]. Laser Phys. Lett., 2019, 16: 095203.

[243] El Anouz K, El Allati A, El Baz M. Teleporting quantum Fisher information for even and odd coherent states[J]. J. Opt. Soc. Am. B, 2020, 37: 38-47.

[244] Chin A W, Huelga S F, Plenio M B. Quantum metrology in non-Markovian environments[J]. Phys. Rev. Lett., 2012, 109: 233601.

[245] Alipour S, Mehboudi M, Rezakhani A T. Quantum metrology in open systems: dissipative CramérRao bound[J]. Phys. Rev. Lett., 2014, 112: 120405.

[246] Lu X M, Yu S, Oh C H. Robust quantum metrological schemes based on protection of quantum Fisher information[J]. Nat. Commun., 2015, 6: 7282.

[247] Berrada K. Protecting the precision of estimation in a photonic crystal[J]. J. Opt. Soc. Am. B, 2015, 32: 571.

[248] Chen Y, Zou J, Long Z W, Shao B. Protecting quantum Fisher information of N-qubit GHZ state by weak measurement with flips against dissipation[J]. Sci. Rep., 2017, 7: 6160.

[249] Liu Z, Qiu L, Pan F. Enhancing quantum coherence and quantum Fisher information by quantum partially collapsing measurements[J]. Quant. Inf. Process., 2017, 16: 109.

[250] Jin Y. The effects of vacuum fluctuations on teleportation of quantum Fisher information[J]. Sci. Rep., 2017, 7: 40193.

[251] Metwally N. Estimation of teleported and gained parameters in a non-inertial frame[J]. Laser Phys. Lett., 2017, 14: 045202.

[252] Jafarzadeh M, Rangani Jahromi H, Amniat-Talab M. Teleportation of quantum resources and quantum Fisher information under Unruh effect[J]. Quant. Inf. Process., 2018, 17: 165.

[253] Devetak I, Winter A. Distillation of secret key and entanglement from quantum states[J]. Proc. R. Soc. A, 2005, 461: 207.

[254] Viola L, Knill E, Lloyd S. Dynamical decoupling of open quantum systems[J]. Phys. Rev. Lett., 1999, 82: 2417.

[255] Paraoanu G S. Partial measurements and the realization of quantum-mechanical counterfactuals[J]. Found. Phys., 2011, 41: 1214.

[256] Bennett C H, Brassard G, Popescu S, Schumacher B, Smolin J A, Wootters W K. Purification of noisy entanglement and faithful teleportation via noisy channels[J]. Phys. Rev. Lett., 1996, 76: 722.

[257] Liu J, Jing X, Wang X. Phase-matching condition for enhancement of phase sensitivity in quantum metrology[J]. Phys. Rev. A, 2013, 88: 042316.

[258] Zhang Y M, Li X W, Yang W, Jin G R. Quantum Fisher information of entangled coherent states in the presence of photon loss[J]. Phys. Rev. A, 2013, 88: 043832.

[259] Zhong W, Sun Z, Ma J, Wang X G, Nori F. Fisher information under decoherence in Bloch representation[J]. Phys. Rev. A, 2013, 87: 022337.

[260] Horodecki M, Horodecki P, Horodecki R. General teleportation channel, singlet fraction, and quasidistillation[J]. Phys. Rev. A, 1999, 60: 1888.